土地规模经营农户的农业科技
需求问题研究：以新疆为例

霍　瑜　著

中国农业出版社
北　京

图书在版编目（CIP）数据

土地规模经营农户的农业科技需求问题研究：以新
疆为例 / 霍瑜著. —北京：中国农业出版社，2022.6
ISBN 978-7-109-29522-3

Ⅰ.①土…　Ⅱ.①霍…　Ⅲ.①农户－农业技术－需求
－研究－新疆　Ⅳ.①F323.3

中国版本图书馆 CIP 数据核字（2022）第 095497 号

中国农业出版社出版

地址：北京市朝阳区麦子店街 18 号楼
邮编：100125
责任编辑：王秀田
版式设计：王　晨　责任校对：刘丽香
印刷：北京中兴印刷有限公司
版次：2022 年 6 月第 1 版
印次：2022 年 6 月北京第 1 次印刷
发行：新华书店北京发行所
开本：700mm×1000mm　1/16
印张：13.5
字数：230 千字
定价：68.00 元

随着社会进步，我国农村实施的家庭联产承包经营取得了进一步发展，逐渐产生层次更高、生产自主性更强的家庭农场模式、专业合作社等，逐步走向规模经营。科技兴农是我国农业经济发展的必要条件，是夯实农业发展基础、提升农业发展能力和提高人民生活水平的根本途径，而农业科技体系及农业科技推广制度则是科技兴农的基础和制度保障。农业科技能否成功转化为现实生产力，关键在于如何利用先进的适用技术服务农民。与发达国家的农业相比，我国农业科技转化率较低，一些先进适用的农业技术并未得到有效利用，而且随着我国农业生产经营方式的转变，当前的农村科技服务体系日益暴露出一些弊端，同现有的土地经营模式不相匹配或适应，从而阻碍了我国农村经济发展的可持续性。这样的局面均对我国农业科技服务体系提出了较为迫切的要求。

基于以上目的，本研究以土地规模农户农业科技需求为研究对象，以新疆①为典型案例，在系统梳理国内外相关研究成果的基础上，回顾总结已有相关的一些重要概念与配套理论，以期为后续研究奠定扎实的基础。然后，以土地规模农户为例定量测算样本地区农户的农业科技需求强度、需求内容、服务种类，通过科技信息的获取渠道及其对农户采纳科技信息的影响，分析影响土地规模农户对农业科技需求的主要因素，并深入剖析现阶段农业科技服务体系运行现状和问题，揭示构建需求导向型农业科技服务的必要性。最后结合分析结果以及国内外经验总结，根据实际需要，拟构建出符合现阶段经营主体发展需求的、可以整合的各类农业科技资源，以实现农业科技资源的创新优化配置；有效发挥劳

---

① 本书所描述分析的规模农户均指新疆维吾尔自治区的土地规模经营主体，而非所属新疆生产建设兵团的土地规模经营主体。

动农民的首创精神，利用所拥有的各种乡土资源开展内部技术创新；建立更高效的农业科技推广机制，提升推广实际效果；聚焦农民对科技的实际需求，提高科技推广资金使用绩效；促进农业生产的标准化，构建适应农业产业结构优化的科技服务体系。主要研究工作及结论如下：

（1）农业科技体系及农业科技推广制度随着国家发展战略导向的变化而不断创新与调整。

通过深入分析我国农业科技体系及农业科技推广制度的历史进程，形成了以下认识：一是我国的农业科技体系经历了四个变迁阶段：即1949年之前的农业科技制度发展、1949—1985年以计划经济体制为主导、1986—2006年以市场经济体制为主导和2007年以来的以创新型国家战略为主导的四个变迁过程；二是农业科技体系及农业科技推广制度的内容和形式因各个阶段农业生产发展水平以及经济、政治和文化背景的不同而发生过相应的调整和变化，在改革的内容和措施上充分体现了"市场导向"和"政府调控"的有效结合；三是农业科技体系及农业科技推广制度的创新与调整本质上是为促进农业发展而服务，反映了政府对农业科技发展认识水平的不断提高，是对农业科技发展规律的深刻把握。

（2）随着农业经济的进一步发展以及土地流转制度的实行，全国土地规模化经营的程度越来越高，新疆土地规模化经营也得到了良好的发展。

土地规模相关统计资料的描述分析表明，新疆在农业面向现代化的发展实践中，基于自身农业生产的现实条件，引入中东部发达地区的历史经验，积极尝试、确立并完善了五种土地规模经营模式，分别是种植大户、家庭农场、土地股份合作社、农民专业合作社和公司化经营等，对增加农民收入、优化资源配置、调整农业生产结构具有十分重要的意义。

微观调研数据统计分析表明，新疆规模经营者总体素质较高。一是相对年轻。大多数经营者的年龄在41～50岁之间，占总体样本的61.8%；二是多拥有较为丰富的农业生产经营经验。从事5年以上农业生产经营的经营决策关键人占总体的96.1%，而农业种植经验在20年以上的占 53.9%；三是相对较高的经营素质，达到初中以上文化水平的经营者占 62.7%，7.9% 的经营者具有大专及以上学历。此外，接受过有关经营指导或者技能培训的经营者所占比例较高。

（3）自 2006—2015 年以来，新疆的农业科技全要素生产率有所增长，但由于新技术开发与应用的不足，表现出高科技投入，低技术进步的构成特征，使得新疆农业科研机构的科技活动呈现出投入较高但产出增长缓慢的状态。

在科技投入方面，不论是资本投入还是人员投入，都表现出逐年上升的趋势，并且已实现了较高的投入水平。在资金方面，农业科研机构科技活动经费达 7.56 亿元，高于全国平均水平，基本建设完成额 5 673.4 万元，固定资产 8.53 亿元，均在西北地区处于领先地位，政府资金是科技活动资金的主要来源且逐年上升；在人员方面，2015 年新疆农业科研机构从事科技活动人员为 2 358 人，高于全国平均水平，且科研人员素质呈现逐年提高的趋势；在科技产出方面，专利受理数呈现波动上升的趋势，并在 2015 年达到 271 件，略高于平均水平，但在西北五省农业科研机构专利受理数中的占比明显下降。其他专利指标，虽然都处于上涨状态且高于全国平均水平，但增速不及西北五省的总体水平。由此可见，增长主要来源于政府支持力度的增加以及人员素质的提高，技术进步对生产率的拉动作用不显著。

（4）基于土地规模经营农户的农业科技需求意愿的实证分析表明：规模农户的农业科技需求意愿随着土地规模的逐渐增大，需求意愿逐步增强，且影响因素较多。

对农户数据的统计描述和 Logistic 回归分析说明，新疆的规模种植农户对农业科技知识的需求较大。但存在明显的差异性：对于不同土地规模的农户而言，大部分农户具有两型农业技术利用意愿，其中，中等规模组农户的利用意愿最高为 83.4%，其次为小规模组农户的利用意愿为 76.5%，较大规模样本组农户的利用意愿最低为 71.3%。从影响因素来看，家庭总收入、劳动力数量、生产成本和兼业情况等因素对小规模组农户具有显著影响；年龄、文化程度、生产结构感知、经济效益感知、劳动力数量、技术易用性和生产成本等变量对中等规模组农户具有显著影响；兼业情况、土地转入面积和生产结构感知变量对大规模组农户具有显著影响。

对于不同地区的农户而言，北疆地区农户的利用意愿为78.5％，稍高于南疆地区的78.2％。从影响因素来看，年龄、兼业情况、土地总面积、经济效益感知和技术易用性等变量对南疆地区的农户具有显著影响。其中，土地转入面积是影响南疆地区和北疆地区农户农业技术需求意愿的共同因素。

（5）基于土地规模经营农户的农业科技优先序的实证分析表明：受不同因素的影响，不同规模经营的农户会根据自己的需求和偏好对各项技术做出不同的次序选择。

首先利用频数法、聚类分析法等对土地规模经营农户的科技需求进行分类分析和研究，然后通过构建多元 Logit 模型讨论农民个人特征、家庭特征、技术感知等因素对农户技术需求与选择的影响差异。结果表明，大多数农户最关注的是产前和产中环节的农业技术，而对产后技术需求较少。在给定的技术中农户首选的前五类技术分别是测土配方施肥技术、秸秆还田技术、抗旱节能关键技术、高效节水灌溉技术；所处地区、家庭年收入、教育程度等因素均对规模农户的具体农业技术的优先序选择造成了显著影响。

（6）基于土地规模经营农户的农业科技优先序的实证分析表明：土地规模经营农户的农业科技需求强度较大，因受不同因素的影响，农户的科技需求强度差异明显。

从对农户态度的分析得出，南疆农户农业科技需求显著高于北疆农户，其中，新疆塔城地区的农业科技需求强度为60.7％，居首位，吐鲁番市为22％居最低位，各地区间农户农业科技需求强度差异明显；从新技术投入率指标对农业科技需求强度的测度表明，区域、教育程度、兼业情况、性别以及收入情况等因素对农户农业科技需求强度影响差异不显著，但年龄、土地转入面积、技术服务可得性、环境感知、南北疆地区、家庭总收入以及新技术易用性等因素对农户农业科技的需求强度影响显著。

（7）新疆农业科技推广在一定程度上存在供需不平衡问题，特别是技术服务内容和技术服务渠道结构性失衡问题尚未得到根本性解决。

通过对土地规模农户的农业科技需求行为、需求优先序以及需求强度等方面的分析，研究发现：虽然新疆在农业科技推广中投入了大量的人力、物力和财力，但由于农户对农业科技的需求不断增长，又在科技供给中未能做出及时的政策调整，致使农业科技推广服务能力落后问题日益凸显。据此提出了构建满足农业科技需求的对策思路与政策建议，如以政府主导、有效性和效益性相结合、专业性和社会性相结合、产业化和信息化相结合等为基本原则；以相关的农业科技政策法规为环境保障、以农业科研和信息服务平台为物质保障、以农业科技推广为组织纽带、以培养新型创新型农业人才为关键，分别从宏观制度建设和微观政策措施建设两方面为导向，为土地规模化经营和生产提供科技支撑保障作用。

本研究可能的创新主要体现在以下两个方面：

第一，农业科技作为现代农业发展的核心驱动力，农业科技能否成功转化为现实生产力，关键在于如何利用先进的适用技术服务农民。现有研究关于全国不同类型经营主体的农业技术采纳和推广的学术成果众多，且主要以东部、中部农业发展基础好的省市为主，而对少数民族地区农户的农业技术应用及推广情况进行研究的相对较少。区别已有研究成果，本研究主要针对新疆地区农户农业技术采纳行为展开研究，对促进民族地区的经济发展具有一定的战略意义。本研究并且将环境约束纳入农户技术采纳理论模型，揭示农业发展方式转变下的农户技术采纳行为的经济机理。因此，在研究和探讨问题切入的视角上具有一定的特色和现实意义。

第二，本研究对土地规模经营农户的农业科技需求问题进行了较为全面系统的研究。研究中按照一定的标准和不同的层次，将土地规模经营农户具体划分为大规模、中等规模、小规模、南疆地区、北疆地区五种类型。首先，运用 Logistic 回归模型分别探讨和分析了五种不同类型土地规模经营农户的农业技术的采纳意愿及其影响因素的差异性。其次，用聚类法从农户分化的角度分析了土地规模农户农业科技需求优先序问题。最后，界定了农业科技需求强度的概念，用"新技术投入率"对农业科技需求强度进行测算，借助方差分析对不同类型土地规模经营农户的农业科技需求强度进行研究，并通过逐步回归对规模农户的农业科技需求强度影响因素进行了实证分析。

CONTENTS 目 录

第 1 章 导　　论

我国农业产业化发展起步虽早，但从当前农业科技特别是在新型农业生产经营主体中应用的实际情况分析来看，效果不是很显著，这对于促进农村改革和解决"三农"问题将会存在一定的阻碍作用。为此，以土地规模经营农户为研究对象，探讨针对农户的科技需求，设计相应的培育政策，推广农业科技和提高农业科技利用率等问题，就成为本研究的主要内容。作为导论，本章将从历史和当前、国内和国外两对辩证视角进行分析，以解决本研究提出的问题，并在此基础上阐述本研究的目的与意义，并对研究思路、研究布局、研究方法以及研究的可能创新处进行概括性介绍。

1.1　研究背景

"民以食为天，食以土为本"，农业不但是人类自身赖以生存和发展的根本，也是国民经济的基础。中国历来就是一个历史悠久的农业大国，农业生产总值总体呈上升态势，特别是进入 21 世纪以来，农业生产总值持续增长（图 1-1），在一定程度上保证了农产品长期有效供给。

进入 21 世纪以来，伴随着国家整体实力的提升以及产业结构的优化调整，农业发展中逐渐出现了三个问题：一是随着经济的发展、产业的日益完善以及人口数量的增长，现有农业种植技术已不能满足农户对农业技术日益增长的需求；二是随着我国工业化、城市化建设日益深入，土地他用的需求量在增加，与传统农业劳作占地之间的矛盾不断加深；三是农民增产不增收，农村经济的发展进步缓慢。现阶段我国农业仍然处于由传统农业向现代农业转变的特殊历史时期，在这样的发展前提下，需要农业科技投入来创造

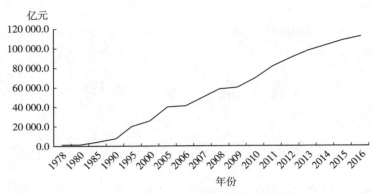

图 1-1　1978—2016 年我国农业生产总值
资料来源：《中国统计年鉴（1978—2017）》。

新的活力，目的在于促进和提升农业的质量效益、竞争力和发展。要促进农业发展、农民增收、农村振兴，只有进行产业调整、结构优化，同时也要将创新的主体——人这一要素留在农村，避免农村人口流失。因此，要通过依靠科技突破资源环境约束、打造发展新动力引擎，实现创新驱动和内生增长来提高农业现代化水平，实现农业持续稳定发展。

　　从我国农业由以往依靠政策、科技、投入发展策略，向"农业发展的根本出路在科技进步"转变的历史路径可以看出（兰玉杰，1999），农业科技在农业、农村经济发展中的作用和地位日益彰显，但同时我们也要清醒地认识到，农业科技进步不仅取决于自身的发展，更是取决于农业技术的推广过程，即让农户使用新技术。虽然随着时代的发展和科技的进步，中国农业在规模化、市场化方面取得了长足进步，但农业科技成果转化为现实生产力的比率较低，使得农业发展速度受到影响。相关数据统计显示，我国每年农业科技成果约有 6 000～7 000 项，但转化率不到 10％，真正实现产业化的还不足 5％，与发达国家最低 40％的水平相比，转化率和转化速度明显过低。高启杰（2000）和胡瑞法等（2003）认为造成这种状况的原因在于"自上而下"的技术推广方式以及科研工作对技术先进性的苛刻要求，没有考虑农业技术的实际可行。

　　党的十六大以来，国家连续多年出台了中央 1 号文件，文件都着重强调了大力推进农业科技进步的紧迫性（表 1-1），并且陆续出台了一系列助力农业技术创新和转化应用的政策举措,积极探索在既有的农业科研管理机制下财政科技投入政策改革与调整的新途径(李平,2012)。可以看出,国家十分重视农业科技在发展现代农业中的重要作用,并且把推进农业现代化建设当作常抓不懈的一项重要工作。

表 1-1 历年中央 1 号文件关于农业科技的描述

年份	具体内容表述
2004	加强农业科研和技术推广
2005	加快农业科技创新,提高农业科技含量
2006	大力提高农业科技创新和转化能力
2007	推进农业科技创新,强化建设现代农业的科技支撑
2008	着力强化农业科技和服务体系基本支撑
2009	加快农业科技创新步伐
2010	提高农业科技创新和推广能力
2011	聚焦水利科技创新与水利科技推广
2012	依靠科技创新驱动增强农业综合生产能力,把农业科技创新作为推进"三农"工作的重点
2013	着力强化农业科技和服务体系基本支撑,推进科技特派员农村科技创业行动
2014	从制度、科研成果转化、协同创新、信息化建设、科技推广和农民培训、财政金融支持以及发挥高校作用等方面对农业科技进行全面部署
2015	强化农业科技创新驱动作用
2016	大力推进"互联网"现代农业,应用物联网、云计算、大数据、移动互联等现代信息技术,推动农业全产业链的转型和升级
2017	强化科技创新驱动,引领现代农业加快发展
2018	加快建设国家农业科技创新体系,加强面向全行业的科技创新基地建设。深化农业科技成果转化和推广应用改革。最终的目的在于提升农业发展质量,培育乡村发展新动能

资料来源:根据中央人民政府网历年中央 1 号文件整理所得。

在此背景下,农户作为农业科技的最终接受者和使用者,他们是否会接受现有的被推广的农业科技?如果接受,对农业科技的接受和采纳行为表现如何?对现已推广的农业科技满意程度如何?对目前的农业推广机制和服务体系认可程度如何?这些都是值得我们深入思考的问题。农户的农业科技采纳意愿及行为、对农业科技需求的优先序以及需求强度均会对农业自身的发展产生深远的影响。一般而言，如果农户的农业科技采纳意愿越高、自身对农业科技需求越明确，则对农业良好发展的推动力越大；反之，则会阻碍农业生产效率的提升和发展。因此，只有在充分了解农户具体情况的基础上，满足其农业科技需求，才能将抽象的技术转化为现实的生产力。

在未来农业规模化发展的趋势下，规模农户作为新型农业经营主体，研究其自身的农业科技需求行为并为政府部门政策的制定提供一定支撑，有着更为重要的现实意义，因此，梳理农业科技体系发展的历史沿革，分析土地规模经营农户的农业科技需求意愿、农户对具体科技的需求优先序及需求强度，探查影响意愿、优先序及需求强度的具体因素，并提出有效改善和促进农户农业科技需求行为的相关对策建议等就成为本研究的主要内容。

1.2 研究目的及意义

1.2.1 研究目的

本研究旨在对土地规模农户农业科技需求行为、需求优先序、需求强度及相关问题展开研究。在借助众多学者和前人研究成果的基础上，探讨和分析了规模种植农户的农业科技需求现状及具体行为，以新疆为典型区域，系统地分析了规模农户科技需求的行为活动规则和原理，继而进一步对影响农业科技需求的强度、农业科技需求优先序、农业科技需求的具体因素展开深入研究。本研究需要解决的关键问题如下：

（1）规模经营农户的农业科技的需求意愿及其影响因素

需求意愿决定了个体的行为意向，进而可能转化为实际的科技采纳行为。本研究结合实地调查数据和实际访谈所得资料，在梳理回顾农业科技需求影响因素的基础上，结合新疆农业自身的禀赋特征，确定最终的解释变量，基于农户行为理论，借助描述性统计方法以及建立二元 Logistic 回归模型，分析规模经营农户对农业科技的利用意愿，并对其影响因素进行探讨，从而为进一步探讨农户具体的农业科技需求行为奠定基础。

（2）规模经营农户的农业科技优先序及其影响因素

本研究从不同研究角度，基于需求层次理论的基础，分别利用频数法、聚类分析法等对土地规模经营农户的科技需求进行分类分析和研究，并构建多元 Logit 模型，讨论农户个人特征、家庭特征、技术感知等方面因素对其技术需求与选择的影响差异，以期能够明确新型经营主体当前与未来对科技的需求优先序列，并探讨其影响因素。

（3）规模经营农户的农业科技需求强度及其影响因素

从价值角度出发，借助"新技术投入率"这一指标来度量规模经营农户的农业科技需求强度，并根据当前农业新技术推广中的"五新"农业技术对农业科技需求强度的内涵及度量问题进行界定与探讨。同时，要提高农户对科技知识的需求强度，需要充分认识农户的群体层次差异，针对不同类型农户选择不同的传播渠道；对不同层次的科技知识使用不同的传播路径；在农业科技知识传播中关注例如女性农户、年龄较大的农户和文化程度较低的农户等弱势群体，选择能够让他们感兴趣，同时容易接受的农业科技知识进行传播（王国辉，2010）。因此，在对农业科技需求强度进行测算的基础上，进一步对影响农业科技需求强度的因素进行分析。

1.2.2　研究意义

农业现代化的实现，需要依靠技术进步和人力资本对传统农业进行改造（舒尔茨，1965）。农业技术的使用主体是农户，因而研究农户的技术采纳意愿及其影响因素，提高农业科技的采用率和使用效率，有助于促进农业发展方式改变、改造传统农业、建设现代农业（王浩、刘芳，2012）。

（1）顺应现代农业建设逐渐规模化发展的需要

20 世纪 70 年代末 80 年代初，家庭联产承包责任制发挥了极大的作用，其"土地所有权归集体，经营权归农民"的特征充分地调动了农民积极性，提高了农业产量和产值。然而随着经济的发展，家庭联产责任制的局限性日益突出，细碎化的土地不利于规模经营，阻碍了机械化水平的提高，农民生活水平得不到根本改善。从而越来越多的农民外出务工，村里的农田质量开始下降，导致产量下降，甚至出现撂荒现象（陈彪，2013）。为了避免撂荒问题继续出现，避免农业生产效率受到负面影响，避免农民福利水平降低，多地出台相关政策，以农民的土地承包经营权为保障，提倡发展适度的土地规模经营（陈彪，2013）。

（2）有助于改善农业科技供需不平衡，科技成果转化率低的问题

从现实来看，一方面，我国每年科技成果的转化率只占到当年实际生产力的 30%～40%；另一方面，相比发达国家平均 65%～85% 的科技成果转化率，我国科技成果转化率还很低（刘然，2013）。现行的农业科技推广体系是在原有计划经济背景下依托政府力量建立起来的五级推广体系以及政府推动的科技项目带动模式，随着家庭联产承包责任制的实施，该体系逐渐表现出"线断、网破、人散"的问题，即在新品种引进、病虫害防治、质量安全监测、农业资源、农民培训等公共产品的提供上基本"无为"，存在明显"缺位"的特点。特别是存在农业科技推广投资严重不足、非专业技术人员过多、知识断层与知识老化严重、农业科技推广方式不适应市场经济的需要、农业科技推广体制不合理等主要问题（姜绍静、罗泮，2010）。而且，目前的农业科技服务体系主要集中在农资产品的经营方面，农业科技服务存在着"越位"。总之，现行农业科技表现出供给严重不足和需求巨大的矛盾问题，降低了农业推广的效率和科技成果的转化率。因此，研究农户的农业科技需求行为及过程中的相关问题，有助于更好地解决农业科技供需不平衡问题，有助于提升农业自身的发展能力。

1.3　国内外研究动态与评述

梳理、归纳和总结国内外研究现状，既能充分了解当前研究的进展与存在的问题，又能明晰自身研究的所处位置，为后续研究的合理进行奠定基础。本节内容将结合土地规模经营、农业科技需求两大领域的研究热点、研究前沿及研究趋势，对国内外研究现状进行归纳总结，进而展开文献述评。

1.3.1　农业技术的供需契合问题研究

现行的五级农业科技推广体系在我国农业发展历史上曾起到过巨大的作用，它属于政府推动的科技项目带动模式，是在原有计划经济背景下、依托政府力量建立起来的，政府在推广过程中发挥主导性作用。但它受计划经济时代的影响，农业技术推广依然遵循自上而下的推广途径。

在农业生产中，由于农民实际生产情况的千差万别，政府推广的技术可

能与农户实际需求之间存在很大差距，政府推广的技术可能并不是农户想使用的，因此使得农业技术供需匹配度不高，推广效率低下。许多研究者发现并指出了这种推广模式的缺陷，开始尝试从传统经济学的"供给—需求"视角构建新的农业科技推广模式。如陈涛（2008）通过深入调查地区农户的需求行为和政府供给行为发现，对农户而言，其技术需求意愿较为强烈，技术施用效果显著；而从政府层面来看，政府提供的农业技术存在理论性强而实用性差、受众范围较小等问题（焦源，2014）。农业科技供需严重失衡、研究和生产需求无法进行对接，大大降低了农业推广的效率和科技成果的转化率。

1.3.2　农户农业科技需求的研究

有关农业科技需求的研究始于 20 世纪初对技术需求主体——农户行为的研究，随后在人类学、农业经济学、地理学和经济学几个学科领域伴随着对农户行为研究逐渐展开。因为农户是农业科技的接受者和采用者，农业科技主要是为农业服务，也即是为农民服务。一项新的技术是否有用，取决于它能否被农户接受和利用，不同农户对科技的需求可能会差别很大，农户科技需求受到很多因素的影响。

1.3.2.1　农户农业科技需求行为研究

农户的技术需求行为研究。农户对农业技术的需求因农业规模而异，小规模农户受自身经济能力、土地规模和思维方式的制约，其技术需求以温饱型技术为主，农业生产的目的是为了满足自身生存需求。专业种植大户的土地规模一般较大，生产方式和农业技术也较为先进，利用先进技术的意愿也更强烈。对于合作经营户来讲，这种合作经营方式使得他们必须从长久发展的视角出发，选择在长期发展中最适宜自身的农业技术，这时农业技术需求体现出持续性和先进性的特点（焦源，2014）。

农户的技术采纳行为研究。已有研究从各种不同的角度对农户的技术采纳行为进行了论证，分析得出包括以下 5 个主要方面的关于农户技术需求和采纳意愿的成果：一是通过研究不同地区不同类型的农户，从农户人口特征和所处地理特征等方面研究了对我国农户的技术采用意愿起决定性作用的影响因素。如收入水平不同的农户（朱玉春等，2014）、兼业农户（蒋磊等，

2014）；二是基于农户分化，结合农户个体特征、生产特征、受教育程度、技术培训以及技术的营利性等进行研究。如各类专业合作社农户（董淑华等，2011）、家庭农场和农业企业等新型经营主体（苟露峰等，2015）；三是研究不同类型的农业技术，通过建立适用模型来分析农户的新技术采用意愿以及影响因素。如"两型农业"技术（刘战平等，2012）；四是以性别为研究视角，以女性农业从业者为研究对象，从农户收入水平的差异及其影响因素入手，探讨了女性农民对农业废弃物基质产业技术的需求及其影响因素；五是研究不同收入水平与非农就业对新技术应用的影响（高雪萍、陈浩、周波，2012）。

总之，目前国内外关于农户农业科技需求方面的研究主要侧重于农户技术选择和采纳行为研究，而且国外学者对于技术选择和采用方面的研究均早于我国学者（冯黎、关俊霞、丁士军，2006）。

1.3.2.2　农户农业科技需求的影响因素研究

农户个体特性对农业科技需求的影响。一般来说，农户性别、年龄、兼业情况、受教育程度等都会对其科技需求产生影响。Holden 和 Shiferaw（1998）通过对埃塞俄比亚农户的调查研究，并以土壤保持技术为例，认为农户是否采用新型技术的需求受到农户家庭中人口的数量以及年龄的影响。Dong（1998）基于印度 3 个观察村庄中的高产品种的使用状态分析，指出年长的农民和家庭人数较少的家庭更喜欢高产品种。Doss（2001）在关于非洲农户新型技术选择的调查中指出，各种农业成本的投入、农业种植规模、农业技术推广等都会受到性别的影响。除此之外，性别也会影响不同农户的技术选择偏好。比如，便于储存和加工的玉米品种更受女性青睐，男性则不然。Thangata 等在研究撒哈拉地区的农户对玉米间作新型技术的需求意愿时指出，农户采用新型技术的意愿分别受到农户年龄和家庭中劳动人口数量负向和正向影响，即指年龄小的农户更有可能采用间作技术进行种植，而家庭中劳动人口多的农户更愿意采用间作技术。而且，不同的性别、年龄会对农户的新型农业技术选择产生不同的不确定影响。例如劳动力节约型技术更加受年龄较小的农户欢迎，而高产量技术、资金节约型技术更受年龄较长的农户青睐，高产量技术和劳动节约型技术更受女性偏爱，高品质技术和资金节约型技术更受男性农户偏爱（宋军，1998）。杨传喜（2011）对山东等地的食用菌种植农户的技术选择行为进行研究后指出，农户的受教育水平和技术选择有正相关关系，并且受教育水平越高，采用新技术的意愿就越强。因此，有着不同个体特性的农户群体对新型农业技术的种类、优先序、强度都会有不同的反应。

农户家庭特征对农业科技需求的影响。家庭人口数量、经营土地面积、经济收入水平等家庭特征因素，在以往研究中被证实对农业科技需求产生影响，产量高的农产品品种在家庭人口数量比较少的农户中会有更大的需求（Dong，1998）。妇女在人口数量较大的家庭中参与决策的情况较少（胡瑞法，1998）。拥有较大耕种面积的家庭更有可能在采用某种新型技术时获得规模经济，比如说杂交水稻在耕地面积较大的家庭中被采用的可能性会更大（林毅夫，1994）。农民是否选择采用 IPM 技术对耕种面积、耕地分散程度会产生较大影响（喻永红，2009）。而且，一般经营用地面积越大，形成规模经济的可能性就越大，对各类科技的需求也会比普通农民要强。不同的经济背景对农户的技术需求会造成不同程度的影响。一方面来说，有着较好经济背景的农户有实力能负担起采用新技术而带来的一系列成本和风险。所以，那些经济背景比较好的农民可能会对科学技术产生渴望。由于技术风险，以及自身的经济实力不强的原因，也有农民对新的农业知识技术有着更加保守的态度，不愿意贸然采用新型技术。从另一方面来说，非农收入占总收入的比重在经济实力较强的农户总收入中可能较大，因此会对非农产业技术有着更大的需求，相比较而言，对农业产业技术的需求则比较小。朱希刚（1995）在研究了贵州省、云南省的两个贫困县农户的技术选择行为后指出，有着较好的经济实力的农户更有可能会采用新技术，因为他们有更强的能力去应对新技术带来的成本、风险和不确定性。宋军（1998）在对浙江、黑龙江等 4 个省份包括 190 余家农户的新技术选择行为进行研究后指出，人均收入较高的农户对优质产品及其技术的需求意愿比较强烈，相反，人均收入较低的农户更加迫切地需要可以带来高产量的技术。因为对于收入比较高的农户来说，他们承担着更加高昂的劳动力边际成本，所以劳动力节约型技术是他们更好的选择，但是对于人均收入比较低的农户来说，因为存在资金问题，所以他们更加愿意选择资金节约型技术。胡瑞法和黄季焜（2002）从耕地资源和劳动力资源两方面研究发现，在承担着更高的劳动力机会成本的地区，农户们对于机械的投入有着更高的需求；相对应地在资金比较缺乏、有着劳动力优势的地区，农户们更愿意增加对劳动力的投入。

政策、制度、生活环境等外部因素对农户科技需求的影响。舒尔茨指出，要想解释不同的技术需求，重点是技术的有利性，而不是社会因素、教育因素。Griliches（1957）早期在对杂交玉米的分析中发现，30％的农户是出于利润的原因采用了杂交玉米的技术，与此同时，农户性别、不同的分工情况等都会影响农户对于杂交玉米技术的选择；Feder、Gershon、Slade 等（1985）认为资源分配、公共政策、农地制度等因素影响农户的技术需求。高启杰（2000）发现技术供给、政策法律、基础设施等因素影响着农户对科技的需求。张兵和周彬（2006）认为农户的支付比例和村一级电话可获得性影响着农户对科技的需求程度。刘然（2013）指出农户们与新闻媒体的接触程度以及农业科技推广程度的好坏等因素，都会对农户的科技需求产生不同程度的影响。Jamick 和 Klimdt（1985）认为农户如果能获得的相关技术指导和培训越多，其对科技的需求就越多。曹建民、胡瑞法等（2005）认为农户是否被培训与农户对科技需求有显著正向关系。林毅夫（1994）在研究了湖南省的农户对杂交水稻技术的采用情况后指出，农户家庭自身资本拥有量对新型水稻技术有着明显的正相关关系。朱希刚（1995）在研究中发现农户采用技术的主要因素除了玉米的增产性能、农户经济实力外，还有政府的推广力度和效率，与此同时，地处偏远、非农收入占总收入比重较高的农户种植杂交玉米的意愿较低。吴园、王妍等（2015）指出由于国家相关政策的不断推广实施，农户的生活水平随之也有了较大程度的提高，有着较大种植规模的农户家庭种植绿色环保农产品的概率增加，此种农户对相关知识信息有着更大的需求。刘兴兵（2016）认为农业文化素质对农户的科技需求有影响，其中农业文化素质主要指文化程度和培训次数，而培训次数是可以变动的外生因素。他认为，由于培训次数加多可以提高农户的文化水平，而文化水平高的农户对技术人员的依赖程度没有文化水平低的农户强烈，他们更多的是依赖农作物防虫防害等农业信息。基于众多学者对外部环境因素对农户科技需求的影响的研究，可以发现，外部环境中主要是文化和经济方面对农户科技需求有显著影响。

1.3.3　农户农业科技需求优先序的研究

20 世纪 70 年代，在国际水稻所对水稻生产制约因素的分析中，首次出现了对于优先序的研究，并随时间不断发展变化，最终在 Herdt 和 Raily 方法的基础上形成了目前关于优先序研究的方法论。联合国粮食及农业组织（FAO）提出了基于全球视角的农作制优先序研究框架，对未来 30 年全世界各区域农作制发展的主要趋势和影响因素进行了较为系统的分析，并提出了相应对策，最后，针对包括资源与环境、能源与气候等具体层面提出了优先发展的相关战略建议（J Dixon et al.，2001；成敏，2010）。此后，学者们基于不同角度对农户科技需求优先序问题进行了较为深入的研究和探讨。

农户分化的角度。廖西元（2004）等在对水稻主产区的研究中得出新品种、新肥料、新农药、新栽培技术是农户当前最需要的科技成果。对前十项科技需求的优先序，在不同地区、文化程度、种植规模、不同年纯收入的农户间是不同的（李宁，2016）。

农户个人特征的角度，如性别、年龄、文化程度等。徐金海（2009）认为江苏省农户普遍有着较强的农业科技需求意向，且农户年龄、文化水平对其农业科技需求意愿有较强的影响。陈前江（2010）通过对香菇菇农的调查研究，发现菇农技术需求意愿最强烈的是优良菌种，接下来依次是病虫害防治技术、轻简化栽培技术和菇床管理技术，并指出年龄、文化水平、家庭常年劳动力数量和雇用工资对农户收益有显著正向影响。罗松远（2009）基于江苏、河北等 8 个小麦主产省的调查研究，认为个体特征因素包括年龄、性别和技术推广等因素都会影响农户的具体行为；张耀钢、应瑞瑶（2007）基于江苏省种植业农户的调查研究认为农户技术需求受农户个体特征影响。

农户家庭特征的角度，如生产规模、农业技术的推广、培训以及生产成本等。徐金海（2009）认为收入水平、兼业化程度以及种养规模、政府的科技供给机制和区域工业化水平是影响农户科技需求的主要因素，而且农业科技人员下乡是农户最期盼的科技服务方式。罗松远（2009）认为农户的技术选择类型会受到农业推广技术人员行为的显著影响，同时，不同的原因会对农户机械技术的需求产生影响，对良种良法配套技术、化肥农药使用和田间管理技术的认知程度较高。张耀钢、应瑞瑶（2007）研究得出土地禀赋、技术培训是影响农户技术需求的重要因素。杨传喜（2011）基于河南、山东食用菌种植农户的调查研究，发现农户技术采用受多种因素影响，包括农户教育水平、专业技能以及技术推广人员的推广活动等，且都具有正相关影响。

技术本身所处的生产环节。陈前江（2010）认为农户对市场流通的认知有限。徐金海（2009）认为生产性技术是农户科技需求的主要内容。杨传喜（2011）通过对食用菌种植户的调研，得到了其技术优先序，排在第一位的是轻简化栽培技术，随后依次是迟播促早发、病虫害防治技术、抗杂技术、通风技术和保湿技术，还发现食用菌销售难易程度与农户技术采用是负相关的（刘然，2013）。还有研究表明，农户对科技需求的优先序在不同地区、不同生产领域都是不同的，具体来看，农户需求较大的是产前和产中环节的优良品种技术、病虫害疾病防治技术以及栽培管理技术等，需求较少的是产后环节的价格供求技术、储藏技术等。

1.3.4 农户农业科技需求强度的研究

梳理已有文献发现，学术界关于农业科技需求强度的文献成果相对较少，主要集中在三个方面：一是对农业科技知识需求强度进行分类别度量。王国辉等（2010）在实证调研的基础上，以杨凌农业高新产业示范区为典型个案，从包括个体层面的性别、年龄和受教育程度，以及家庭层面的家庭收入等角度出发对不同类别农户的农业科技知识需求强度进行了度量，并认为女性农户较男性农户的农业科技知识需求强度弱，需求强度随着年龄的增长逐渐减弱，随着教育程度的增加逐渐增强，随着家庭人均年收入的增长逐渐具有增长的趋势。二是用"新技术投入率"对农户农业技术的需求强度进行度量。即用农业新技术投入总额在农业生产投入总额中所占的比重来度量农业技术的需求强度。刘淑娟（2014）借助"农业技术创新"的概念，将物化的新种子、新肥料、新农药、新机具和非物化的新技术等 5 个方面在内的技术作为农业新技术投入总额的组成部分，对关中地区 11 个县区的新技术投入率进行了详细测算。并通过使用 SPSS 数据分析软件对技术投入率进行了测算和分析，认为技术采用水平和需求强度会随着与杨陵农业科技园区的距离增大而降低。反之，则越高，即技术投入率和到技术源距离有高度的负相关关系（刘淑娟，2014）。三是建立区域科技需求强度的综合评价方法并进行相关应用。龚三乐（2010）根据科技消费主体的需求和科技供给主体的要素投入需求的强烈程度，构建区域科技需求强度的综合评价指标体系。基于这一指标体系，评价了北部湾经济区科技需求强度，并与广西和区外部分地区进行比较。结果表明，北部湾经济区的科技需求强度高于广西平均水平也高于湖南、贵州，不过远低于广东，处于中游水平。

1.3.5　土地规模经营的研究

1.3.5.1　土地规模经营的必要性

对于土地规模管理的必要性，学术界有两种看法：一种观点从生产力发展水平、社会就业和稳定的实际出发肯定了小农经营的合理性（齐城，2008）；另一种观点则从要素组合理论、交易费用理论以及资产专用性出发，认为土地适度规模经营是合理的。要想通过最低成本来获得最大的收益，就必须实现土地规模经营（胡爱华，2014），同时提高农民组织化程度（廖长林，2014），推动土地、资金、技术等生产要素的合理配置（蒋和平，2014）。因为耕地面积的减少、土地的细碎化会阻碍农业科技应用与提高农业生产效率。而土地规模经营可以通过土地入股、租赁、承包等途径使分散的土地达到最佳的经营规模，使"小块变大块"，实现土地资源的优化配置，带来单位土地面积收益的增加或成本的下降，更易于实现专业化、标准化、集约化经营，有助于促进机械化发展和农业技术推广，还弥补了农业生产因农村劳动力转移而带来的不利影响。同时，提高生产力水平，农户最优经营规模会因小型农机设备、现代生物、化学技术的应用而不断扩大（胡瑞卿，2007）。而且，我国各项农业政策的出台和调整，促进、推动了土地规模经营的发展。因此，在自愿补偿的基础上，鼓励发展适度规模经营，符合我国现阶段农业发展要求和趋势。

1.3.5.2　土地规模经营的评价标准

国内学者对土地规模经营的评价标准进行了大量研究。王亚雄（1997）从收入决定土地规模的角度研究发现，土地规模经营在土地资源禀赋约束下的最小临界点为 10 亩[*]。钱贵霞（2006）研究发现最优规模在不同省份各

---

[*]　亩为非法定计量单位，1 亩＝1/15 公顷。

不相同。齐城（2008）从劳动力转移的角度研究认为土地最优经营规模为20亩。杨刚桥（2011）从利润最大化角度研究指出，湖北省的规模经营面积为36亩。吕晨光（2013）从成本效益角度分析指出山西省的最优经营规模为20亩。综上所述，土地适度规模经营因地域和结构不同而有差异，不同评价标准下的适当经营规模是不同的（黄宗智，2007）。

综合上述学者们的观点和认识，本书将土地规模经营定义为：采用先进的技术和机械设备，在保证各生产要素能够充分发挥并且提高土地生产率的基础上，能够使一个农民从事专业化农业生产的经营效果达到最佳经济收益时所应经营的耕地面积。同理，本书将上述条件下进行土地规模经营的主体定义为土地规模经营主体。在后续的论证中，本书所描述分析的规模农户均指新疆维吾尔自治区的土地规模经营主体，而非所属新疆生产建设兵团的土地规模经营主体。

1.3.5.3 规模经营的合理性表现

实现农业现代化的重要途径之一是实行土地规模经营，基于规模经营理论，有学者对农户具体生产决策行为和生产绩效进行了研究。实现农业规模经营可以通过农地流转、农业社会化服务实现服务的规模经营两种途径（农业部经管司、经管总站研究组，2013）。不同地区因资源禀赋、经济结构、农业发展基础等不同，实现方法也各有差异，如人少地多地区可以通过农地流转来实现；而在人多地少地区，特别是那些老、少、边、穷地区，土地对农户具有保障基本生活水平的作用（蒋和平、蒋辉，2014），所以会更加依赖土地（马婷婷，2015）。李文明（2015）研究发现，规模较大的农户的行为更加接近"理性经济人"假设，水稻规模经营因目标不同而标准也有所差异，现代生产要素显得更加重要，农业劳动力富余现象趋于消减，知识、经验和技能对水稻生产具有显著的促进作用，种植利润和产出水平表现出明显的区域差异性。刘朝旭（2012）、马志雄（2012）在对相应水稻种植户种植模式决策分析中也得出了同样的结论，土地规模会制约农户双季稻种植技术减少产量。

1.3.5.4 规模经营的影响因素

罗荣根（1997）认为土地规模管理需要一定的条件，同时，土地规模管理也会对其他方面的发展产生影响。彭居贤等（1996）认为欠发达地区实施规模经营必须满足以下四个基本条件：土地资源更加丰富，多种经营模式充分发展，效率与公平问题得到妥善解决；土地流转市场全面发展，管理更加规范。郑建华（2005）指出，在坚持土地公有制，稳定土地承包制度的基础上，应赋予农民土地使用权，适当补贴失地农民也会促进土地规模经营的发展。林善浪（2005）通过研究江西和福建两省农户的意愿和行为指出，要想实现农业规模经营必须促使农业剩余劳动力转向非农产业。但刘莉君（2010）指出，一方面由于存在水利等基础设施陈旧失修、土地整理不规范等问题，导致土地质量严重下降。另一方面，社会保障制度的不完善也给土地流转带来了困难，土地流转时间短、流转不规范等问题也会制约农村土地流转，这些都会使得土地规模经营的效率降低（李敏、杨学成，2014）。综上所述，农村剩余劳动力向非农产业的稳定转移、良好的农业基础设施、健全的农业服务体系等因素扩大土地经营规模，反之则阻碍土地规模的发展。

1.3.6　文献述评

综上，在土地规模经营、农户农业科技需求问题的研究上，学者们取得了诸多成果，对本研究具有重要的借鉴价值和参考意义。从研究内容来看，学者们研究和分析了当前农业生产经营过程中技术应用所存在的一些问题，主要研究了政府所采用的技术推广模式存在的一些问题和缺陷，论述农户自身行为选择特点对技术的需求在推广过程中所起到的重要作用，利用数理模型分析农户的技术采纳行为特点及影响技术采纳的因素，指出在构建需求导向型农业科技推广机制过程中遇到的问题和挑战并提出相应对策，并从不同领域和角度分析了构建农业科技服务体系的背景、原因、过程和方法等，深刻认识到现阶段农业科技服务属于自上而下的供给推动型，存在对农户技术需求因素考虑不足等问题，因而十分重视农业科技改革和方法创新的研究。从研究方法来看，研究方法大致包括数理模型分析法、系统分析法、历史分析法、案例分析法等。学者们采用案例分析和定量模型，试图构建出适合农户需求的农业技术推广体系。

但已有研究仍然存在一定的不足，大多停留在概念层面，局限于农户农业技术需求表象，那么在此研究背景下，规模农户对农业科技的利用意愿究竟如何？规模农户在现实的生产环节中究竟会采纳哪些具体类型的农业科技？并对其利用产生何种优先序即顺序？使用的强度即频度如何？影响规模农户农业科技利用需求行为的因素有哪些？如何才能更好地提高农业科技的推广和利用效率？这些问题都具有一定的理论和实际指导意义。因此，本研究将针对上述已有研究的不足之处，基于农业经济学相关理论和对典型区域新疆的规模农户的调研数据，遵循以"农业科技体系发展变迁—农户农业科技需求意愿—农业科技采纳优先序—农业科技需求强度"为逻辑主线构建的研究理论分析框架，从农户分化的角度来探讨不同类型规模农户对农业科技需求程度差异及其影响因素，找出产生差异的原因并对其作出科学判断。最后，提出构建满足规模农户农业科技需求的对策建议。

1.4　研究思路与研究内容

1.4.1　研究思路及技术路线

本研究以农业规模经营理论、农民行为理论和理性人假设为基础，梳理了中国农技以及农技推广的阶段，指明了农技发展未来的方向，分析了农业科技优先序及科技需求强度，并分析了影响土地规模农户相关行为产生的因素，最后基于前述分析结论和土地规模农户在农业科技采纳过程中的行为特点，提出了有效提升我国土地规模农户农业科技利用水平的建议和优化农户利用行为的路径选择与政策设计。技术路线见图1-2。

1.4.2　研究内容

根据以上研究思路和技术路线，本书共分为8章：

第1章为导论部分，统领并总结了全书，其中包括选题背景和研究目的、国内外研究评述、研究思路与内容、理论基础与方法、本书可能的创新之处。

第2章就中国农业科技进程及其推广体系整体发展的历史沿革进行梳理，依据政策的引导方向和技术的发展进程，从整体上把握农业科技服务发展方向及其变动趋势。然后从宏观方面将新疆整体科技发展水平和全国做了对比，分别从农业科研机构投入和产出两个方面对农业科技现状进行描述，并建立数据包络模型对新疆的农业科技全要素生产率进行测算，以进一步探

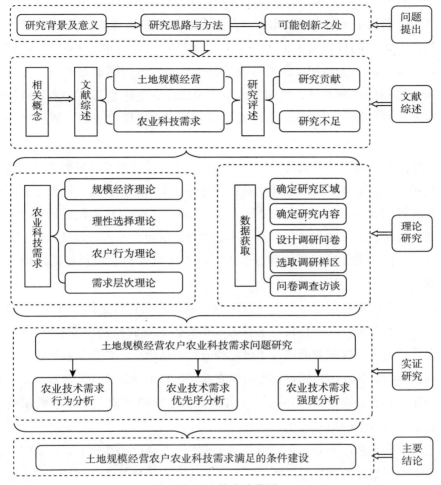

图 1-2　技术路线图

讨现阶段新疆农业科技投入与产出的效率。

第 3 章全面分析了不同类型农户农技需求的机理、新疆农技推广现状以及新疆在推行土地规模经营过程中的举措、样本农户土地规模经营情况、土地规模经营模式，为进一步深入研究土地规模经营农户的农业科技需求问题做好铺垫。

第 4 章为本书研究的重点内容之一。行为由意愿决定，进而转化为实际行为。本章结合实地调查数据和实际访谈，将农技需求的影响因素与新疆农业自身的禀赋特征相结合，确定最终的解释变量，运用描述性统计方法以及计量建模方法分析规模经营主体的科技需求意愿，并分析其影响因素。

第5章从不同研究角度出发，分别利用频数法、聚类分析法等对土地规模经营农户的科技需求进行分类分析和研究，并构建了 Logistic 回归模型，讨论农民个人特征、家庭特征、技术感知等方面因素对不同农业技术需求与选择的影响差异，以期能够明确规模经营主体当前与未来对科技的需求及优先序列，探讨其影响因素，以期为未来规模农业的发展提供一定借鉴。

第6章作为本书研究的重点内容之一，从科技需求量度量的角度出发对规模经营主体农业科技需求强度问题进行进一步阐述。首先，回顾了农业科技需求强度的相关文献，对农业科技需求强度的内涵及度量问题进行界定与探讨，确定测算方法与指标，然后从定性与定量两个方面对规模经营农户的农业科技需求强度进行测算和分析，并找出影响农户农业科技需求强度的因素。

第7章在对新疆土地规模经营现状及新疆农业科技整体发展水平现状、土地规模经营农户农业科技需求行为及影响因素、农业科技需求的优先序、农业科技需求强度等方面进行了研究和分析的基础上，结合新疆的区情以及地区社会、经济发展目标，首先构建农业科技需求满足条件的基本思路、目标和原则，再分别从宏观和微观提出满足土地规模经营农户农技需求的前提，以便为政策的制定提供参考。

第8章是结尾部分。在归纳总结本研究主要结论的基础上，对研究过程中存在的不足之处进行了说明，对未来的研究方向及其改进之处进行了思考与展望。

1.5 理论基础和研究方法

本研究运用了规模经营理论、农户行为理论、理性理论和需求层次理论等。本研究在运用了数理统计和计量经济学相关原理和方法的基础上，对土地规模管理中农业科技对农民的需求行为进行了系统的研究。将定性分析与定量分析、综合分析与典型实证分析、规范分析与实证分析、计量经济模型与数理统计分析相结合。

1.5.1 理论基础

1.5.1.1 农户行为理论

（1）理论的基本内涵

农户的选择问题是农户行为理论研究的重要内容之一，指的是其行为的环境和对其具体实施情况的观察。包括"经济人""非理性人"等都是国内外学者关于农户行为研究方面衍生的理论视角（蒋磊，2016）。

其中比较有代表性的有以下两种：一是理性小农学说。美国经济学家舒尔茨在《改造传统农业》中将小农描述为追求利益最大化的理性"经济人"，他们是具有经济理性的人，追求利益最大化，是在现有农业技术状态下能最大限度地利用一切有利可图的生产机会和要素的人，他们精于计算，能够考虑成本和风险，从而获得最优利润。波普金后来又做了更加深入的分析，认为小农是在权衡风险后追求最佳利益的理性人，即"理性小农"。二是有限理性小农学说。罗伯特·西蒙认为，有限理性的人在行为中存在理性与非理性两种状态，主要原因是信息的局限性。以苏联经济学家蔡雅诺夫为代表，把农户看成是一种单纯的以满足自家消费为目的的血缘统一体，其生产的目标主要是为自家生存，其行为不是追求收益最大化的"经济人"而是追求在既定收益下的付出最小化或者是一定辛劳程度下的产品最大化的"社会人"，他们的行为是不理性的，为了生存他们常常在出现亏损的情况下继续经营（陈杨，2013）。后来，詹姆斯·斯科特更进一步解释了这种观点，她认为农民追求经济利益的动机是按照"回避风险，安全第一"的原则。

（2）理性小农与农户分化的关系

农户的经济理性促进了农民阶层的分化，而不同阶层群体农户间存在异质性，有限理性促使他们在土地规模经营方面做出不同的决策。在农户经营理性假设的前提下，农户决策不仅受土地等生产要素影响，还会考虑技术供给等外部生产要素的限制。

随着改革开放的深化，农户逐渐由生存理性向经济理性转变。从地区发展水平角度看，经济发达地区农户在生产过程中更倾向经济理性，而欠发达地区农户则更多地表现为生计理性（翁贞林，2008）；通常农户生计理性与收入水平成正比（陈雨露，2009）；分化视角下，农户往往会因为土地的小规模、分散化，无法实现规模经营而选择非农就业，把投资转向其他方面；而另一部分农户则选择吸收更多的土地，扩大生产经营规模，提高农业生产效益；此外，仍有一部分农户保持小农生产的状态，可能的解释是其受到资源禀赋约束，并且对非农或农业生产并无特殊偏好。

（3）对本研究的启示

一方面，从经济学的角度讲，如果农户选择将生产的产量确定在经济学理论中的边际收益与边际成本相等的那一点，则会在生产技术水平条件下获得利润最大化。此时为了追求更高的经济利益，采用新技术将降低边际生产成本，率先使用新技术的农民的生产成本会显著降低，将会获得比以往更多的经济收益，即超额利润，当这种能带来超额利润的新技术在社会生产中普遍传播开来，最终将促进农业科技的进步。农户开始普遍采用新的生产技术时供给量也会随之增加，部分抵消了新技术带来的超额利润，但依然可以获得比采用新技术之前更多的利润。因此农户对经济利益的追求或者说是逐利性将会驱使其不断采用先进农业技术以降低生产成本，追求更多的经济利润，客观上又推动了新一轮的技术进步。然而，现实生活中会有诸多因素对农户农业科技需求的顺利实现产生影响，包括：预期目标的实现、先进技术的供给、供需是否能顺利传导等（张改清、张建杰，2002）。

另一方面，如上述内容所分析的，农民的阶层分化受到经济理性的影响。将农户作为理性人进行考察，如果考察农户土地规模经营行为，需要对其异质性进行更加深入的探讨和研究。因此，不同类型的农户具有不同的自身特点，其对农业科技相关的认识一定会存在差异。

1.5.1.2　规模经济

（1）规模经济的定义和理论内涵

实现规模经济是规模经营的重要目的之一。规模经济的定义在现有研究中一般按照《新帕尔格雷夫经济学大辞典》的权威性定义来确定，指的是："在既定技术条件下，对于产品的生产，如果在一定的生产范围内降低产品的平均生产成本，我们认为是有规模经济的，反之则认为存在'规模不经济'"。从上述定义可知，长期平均生产成本在一定技术条件下的变化情况，在规模经济理论中得到了描述，长期平均成本随产量的增加而减少，则规模

经济，若长期平均生产成本
随着产量的增加而增加，则
规模不经济。规模经济反映
了要素集中度和经济效益的
关系，只有在要素集中度增
加，经济效益也增加的这段
区间范围内才存在。

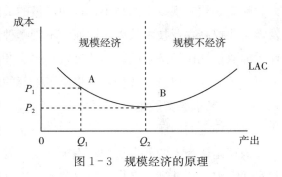

图 1-3 规模经济的原理

由图 1-3 可知，长期平
均成本曲线 LAC 左侧的下降部分称为规模经济，规模不经济是在右侧上升
的部分。在规模经济过渡到规模不经济的节点上，长期平均成本达到最小，
此时平均成本等于边际成本，这是生产的最佳规模点。位于该点的 B 生产
规模较 A 大，位于最佳生产规模点，生产成本最低，从而可以获得最大利
润，表明在发展过程中充分利用了所有生产要素，且生产要素组合达到最优
（乔颖丽、吉晓光，2012）。

阿尔弗雷德·马歇尔（Alfred Marshall）、罗宾逊（Joan Robinson）、
张伯伦（E. H. Chamberin）和贝恩（J. S. Bain）等都是规模经济理论的代表
人物。马歇尔曾经在《经济学原理》中提出了规模经济的说法，他还介绍了
规模经济出现的两种原因，一种是部分企业资源利用效率的提高和经营管理
的改善，这种规模经济由于出现在单个企业内部，因此被称为"内部规模经
济"，另外一种是产业经济层面的"外部规模经济"，即多家企业的联合生产
和合理分工布局。马歇尔进一步研究了规模经济收益的变化规律，这种规律
按产量顺序列为：规模报酬随着产量的增加一般会依次经过递增、不变和递
减三个阶段（王鹏飞，2012）。

还有就是马克思关于规模经济理论的阐述。马克思在《资本论》第一卷
中提出，社会劳动生产力的发展必须建立在大规模生产与合作的基础之上。
马克思认为，通过规模化生产、可以降低成本、提高工艺水平、实现收益的
最大化，只有这样才能使企业达到最优规模，类似的观点与马歇尔的"规模
经济理论"有着异曲同工之妙（王伟，2009）。

（2）理论启示

对于农产品而言，农户作为农产品市场普遍的价格接受者，想要利润最

大意味着必须实现成本的最小化；而产量的最大化则是从生产函数的角度出发，需要提高农业技术效率。因而，不管哪种情况，最终的目标都存在一致性，即取得规模经济效应。而适度规模经营也是目前我国农业的发展方向，为更好地研究农户技术选择意愿提供了重要的理论参考。

1.5.1.3 需求层次理论

（1）理论的内涵

该理论认为人的需求从物质需求→安全需求→社会需求→尊重需求→自我实现需求，从低到高呈现出递进关系，这是由美国社会心理学家马斯洛最早提出的。在满足低层次需求后人们会更多地去追求满足高层次的需求（刘然，2013）。

（2）理论启示

对于农民来说，农民对科技的需求行为基本上与行为科学理论一致。农户的科技行为过程首先是农民生产和日常经营需要农业科学技术，进而激发农业科技需求的相关原因。最后，他们从农业科技的发生动力转向农业科技的实际采用和利用。在这个过程中，决定农户使用农业科技的因素主要有以下几个方面：农民对农业科技在日常生产经营中的需求以及原因、受到刺激的农业科技需求（张永坤，2010）。在这些因素中，按照时间顺序，它们各自的立场是不同的：对科学技术的渴望是动力，行为动机是科技行动发生的直接动力。它从欲望转化而来，科技需求的目的在于它是农民期待的理想结果。由于农民的生活条件多样化，各方需求以及各种农业科技需求也存在差异，农业科技需求强度也不同。马斯洛和众多心理学家认为社会经济发展水平、科技发展水平和人民文化素质会影响人的需求。同理，一个地区的经济、社会和文化氛围也会影响当地农民的需求。二者呈正比关系，即氛围越好，农民个人素质越高，需求越大。除了基本的生理需求、安全需求，还有科学、技术和文化的信息需求。而需求引致供应，这些对技术和文化信息的需求导致有关部门提供了许多科学和文化信息。新的需求可以让需求层次继续向纵深发展，从而使供求关系、整个供需机制更好地发展。调查农民科技经营需求规模，结合大农户的一些特点和社会因素，可以帮助了解这类农业的科技需求。在对农民需求进行基本调查的同时，也要充分利用他们根深蒂固的需求，这样才能更好地了解他们的处境，更加注重满足农民的需求（刘然，2013）。

1.5.1.4　理性选择理论

（1）理论的内涵

已有研究认为理性选择理论是分析个人在既定环境中的选择的理论。这个理论的核心思想是个人始终追求自己的最大利益。行为主体会根据自己的偏好在不同情况下做出不同的行为策略选择，而这些选择也会导致不同的结果。随着学科的发展，特别是科尔曼对社会科学体制结构的引入，理性选择理论与社会科学体制结构的融合，基于经济科学对科学理性选择理论的解释变得更加复杂。这个理论已经升华和扩展得更多了，以科尔曼为首的理性选择的社会学理论可以归结为以社会系统的宏观行为为出发点，合理化有意识行为。合理性是理性行为者的基础，而行为者的行动原则是使利润最大化。通过研究个体行为的组合如何产生制度结构，以及制度结构如何孕育社会制度的行为，微观和宏观联系得以实现（陈曦，2007）。

（2）理论启示

农户作为市场的参与者既是农业产品的生产经营者又是其他产品的消费者。农户科技选择行为取决于农户为了最大化其能获得的经济利益，逐利性驱使农户选择和采用农业科学技术来进行更有效率的生产经营。但农户不是无限地增加对技术的需求，从经济学理论上来说，边际成本和边际收益是农户使用新科技会考虑的重要因素，包括学习使用科技的直接成本、机会成本以及购买农业科技成本等在内的成本预算也是农户考虑的重要因素之一。同时，农户的个体特征，包括年龄、性别、受教育程度等，以及农户对风险的偏好都会影响其技术采纳意愿（张永坤，2010）。

1.5.2　研究方法

1.5.2.1　文献资料法

一是将国内外有关文献进行分类阅读和收集，通过研究和学习了解与农业技术相关的研究成果，其中包括技术需求意愿影响因素分析、技术需求测度、农业科技服务体系运行及其实现途径等；了解现有研究水平、研究方法可取的经验以及未来努力的方向等问题。并在此基础上，运用适合的经济学理论和方法，分析影响农业技术需求的因素，为探寻提升农业科技服务体系做出最优决策与可行的操作效率。二是根据研究内容为宏观层次数据分析收集统计年鉴数据，为后续研究提供数据基础（田云，2015）。

1.5.2.2 问卷调查法

借助调查问卷获取重要微观数据。本研究以典型区域——新疆维吾尔自治区的规模农户为基本调查对象，分别就种植规模、收入水平、地理环境状况、政策以及技术培训等问题进行随机抽样调查，获取微观实证研究所需的基础数据。

为了取得来自农户的第一手基本资料，在新疆随机选取了 14 个典型区域进行调查，调查的主要内容包括农户家庭基本情况、土地经营规模、土地种植情况、上一年度和本年度收支情况、农业科技利用情况、关于农业科技相关的观点或感受等。在调查过程中，共计发放问卷 1 100 份，收回有效问卷 943 份。

1.5.2.3 计量经济学方法

技术内容、技术供给方式的多样性以及其他方面的影响因素，会影响农户的农业技术选择和行为。因此，利用二元 Logistic 回归模型，结合研究对象的特征，探究影响土地规模经营农户的农业科技需求的主要因素，及其影响程度的差异性（刘淑娟，2014）。

(1) 因为需求强度代表了需求方对某种商品或技术的需求的迫切程度，需求弹性可以衡量需求强度。由于土地经营主体对农业技术种类或服务的需求受各种因素的影响，因此经营主体的需求强度也不一样，因此农业科技在推广过程中要考虑不同经营主体的需求强度，以满足其对农业科技的要求，更好地实现经营主体的增收目标。本研究从价值角度出发，采用"新技术投入率"来衡量农户的农业科技需求强度，用公式表示：

$$新技术投入率 = \frac{农业新技术投入总额}{农业生产投入总额} \times 100\%$$

(2) 结合既有研究和本研究的研究目的，本研究将土地经营农户的特征、生产规模、生产技术环境、生产成本等因素作为对科技需求意愿的影响因素重点考察。模型的一般形式是：

土地规模经营农户对农业科技需求的意愿 $= f$（土地规模经营农户的特征、生产规模、生产技术环境、生产成本）$+\mu$（随机干扰项）

在问卷设计中，将土地规模经营农户对农业科技需求的意愿（y）分为"具有需求意愿"和"不具有需求意愿"两种情况，这是一个二分类变量，因此本研究在这里将"不具有需求意愿"赋值为 0，将"具有需求意愿"赋值为 1。本研究选用二元 Logistic 回归模型对土地规模经营农户的农业科技选择意愿的影响因素进行研究。用 p 表示土地规模经营农户具有选择和接受农业科技意愿的概率，则：

$$p = \frac{e^{f(x)}}{1 + e^{f(x)}} \qquad (1-1)$$

$$1 - p = \frac{1}{1 + e^{f(x)}} \qquad (1-2)$$

由此可以得到土地规模经营农户使用农业科技的机会概率是：

$$\frac{p}{1-p} = \frac{1 + e^{f(x)}}{1 + e^{-f(x)}} = e^{f(x)} \qquad (1-3)$$

将（1-3）式转化为线性方程式，可以得到如下 Logistic 函数形式：

$$y = \ln\left(\frac{p}{1-p}\right) = \beta_0 + \beta_1 x_1 + \beta_2 x_2 + \cdots + \beta_i x_i + \mu \qquad (1-4)$$

式（1-4）中 β_0 为回归截距；x_1，x_2，$\cdots$，x_i 是实际观测到土地规模经营农户特征、家庭特征、感知易用性、感知有用性以及感知获利性等 5 类自变量；β_1，β_2，$\cdots$，β_i 为相应自变量的回归系数；μ 为随机干扰项。

1.5.2.4　系统分析法

农业科技服务体系本身系统复杂，操作环节多，牵涉的利益相关者多，加之技术需求对象具有多样性、技术推广内容也存在一定程度的差异性，均加剧了创新农业科技服务体系的复杂性。因此，需借助一定的方法和标准对农业科技推广过程、科技的主客体、科技推广环境等进行深入剖析，明确其构成及逻辑关系，选取合理的研究方法，并在此基础上探寻农业科技服务体系的系统架构、运行机制和支撑条件。

1.6　研究的创新点

本研究可能的创新点有以下两点：

第一，农业科技是现代农业发展的引擎，是农业可持续发展的动力，农业科技能否在实际农业生产中发挥作用，主要在于如何利用先进的适用技术服务农民。现有研究关于全国不同类型经营主体的农业技术采纳和推广的学术成果众多，且主要以东部、中部农业发展基础好的省市为主，而对少数民族地区农户的农业技术应用及推广情况进行研究的相对较少。区别已有研究成果，本研究主要针对新疆维吾尔自治区农户农业技术采纳行为展开研究，对促进民族地区的经济发展具有一定的战略意义。并且将环境约束纳入农户技术采纳理论模型，揭示农业发展方式转变下的农户技术采纳行为的经济机理。因此，在研究和探讨问题切入的视角上具有一定的特色和现实意义。

第二，本研究对土地规模经营农户的农业科技需求问题进行了较为全面系统的研究。研究中按照一定的标准和不同的层次，将土地规模经营农户具体划分为大规模、中等规模及小规模农户，南疆地区和北疆地区农户等五种不同的类型。接着首先运用 Logistic 回归模型分别探讨和分析了五种不同类型土地规模经营农户的农业技术的采纳意愿及其影响因素的差异性。然后，用聚类法从农户分化的角度分析了土地规模农户农业科技需求优先序问题。最后，界定了农业科技需求强度的概念，用"新技术投入率"对农业科技需求强度进行测算，借助方差分析对不同类型土地规模经营农户的农业科技需求强度进行研究，并通过逐步回归对规模农户的农业科技需求强度影响因素进行了实证分析。

第 2 章　农业科技需求相关概念界定及农业科技体系发展变革

上一章为本研究简述了研究主题的学术研究背景。本章首先对与农业科技需求相关的概念进行界定和测定，以明确后续研究问题的边界和内容。其次将通过对四个重要历史发展阶段的主要代表性事件、内容以及特点的总结，对我国农业科技体系的变迁与发展历史进程进行梳理，不仅利于充分了解事物发展的过去，还利于整体地归纳总结其自身的规律属性，进而较好地把握其未来发展趋势。最后将从宏观方面对新疆地区整体科技研发情况和水平与全国进行比较分析，分别从农业科研机构投入和产出两个方面对农业科技现状规律进行描述，并建立数据包络模型对新疆的农业科技全要素生产率进行测算，以进一步探讨现阶段新疆农业科技投入产出的效率。

2.1　农业科技需求相关概念界定及测定

2.1.1　农业科技需求

2.1.1.1　农业科技

科技是指人们在改造自然和社会时积累起来的工艺、操作方法和技能，它们为人们生产生活提供服务。而农业科技是特定于农业领域的一些科技，主要指用于农民生活中的一些信息、规律。它主要包括三个方面：一是根据生产经验总结出相应的生产技能。二是用于生产的相应生产工具。三是生产中的各种经验知识和方法等（刘然，2013）。也可以认为，农业科技是用于农业生产方面的科学技术以及专门针对农村以及城市生活方面和一些简单的农产品加工技术，包括种植、养殖、化肥、农药的用法、各种生产资料的鉴别、现代农业生产模式等几方面。在本研究相关的研究中主要涉及产中环节中的一些具体的技术（田云，2013）。农民的农业科技需求即是指农户对某种农业生产技术的认识、理解、实践过程。在这一系列的过程中，农户会受到不同的自然条件、社会条件的影响而产生不同的新型技术需求，最后将需求应用于实践。因此农民的农业科技需求包含着心理和行动的两个方面，是一个不断发展变化的动态过程，而不是一个静态的过程（刘然，2013）。

本书依然沿用钟甫宁（2000）的观点，认为农业科技是揭示农业生产领域发展规律的知识理论体系，以及在生产实践中应用农业发展规律所获得的各种实践应用成果。农业科技产生于自然再生产与经济再生产相统一的农业生产过程，与此同时，基于农业生产的需求，农业科技亦得到不断的发展。

2.1.1.2 农业科技需求

（1）农业科技需求的内涵

张永坤（2010）认为科技需求是在一定时期内，科技需求者在其发展过程中，为实现经济、科技、社会发展的某种特定目标，在具备一定需求渠道的条件下，对科技需求供给者提出对科技（包括物质形态和知识形态）的获取欲望和要求。吴敬学（2008）认为农业科技需求简单地说就是农业生产主体对农业科学技术的获取欲望。这种需求主要表现为农户为了获取或增加直接或间接的经济利益，主动地寻求农业科学技术，并把农业科学技术融入生产活动的过程。因此，农民对科学和技术的需求不是一个静态的过程，而是一个理解、认识、识别、实施和确认农民某种技术的动态的过程。这是一个基于农户的资源、条件等表现出来的对某种科学技术的需求，并将它们运用于生产生活中的一种活动，所以科技需求包括农民采用该技术的整个心理过程和行动过程（刘然，2013）。

根据上述观点，本书将农户农业科技需求界定为：农户对某项技术进行了解、认识、认可、实施、确认的过程，农户根据其自身存在的资源和条件以及社会因素等表现出来的对某一种科技的需求愿望，并将其运用于生产生活中的一种目的性的活动。所以科技需求包含农户对技术整个的心理过程和行动过程，在本研究中，农户科技需求和科技采用的概念通用。

（2）农业科技需求的分类

表 2 - 1　农业科技需求的内容分类

产业	区域	人
农业科技需求的目标：高产、优质、高效、生态、安全		
农业 培育新品种，为种、养、加工提供产前、产中、产后服务；提供农业技术创新和服务的科技支撑	特色农业；资源节约、环境保护型农业；加强基础设施建设等方面的科技支撑	开展标准化生产，保证食品质量安全，提供由涉农生产而引发的人畜共患病、职业病防治等科技支撑
农村 推进新型工业化、城镇化，提供加速产业结构调整、开展技术创新的科技支撑	实现全面协调可持续发展，在环保、城镇化、基础设施建设等方面提供科技支撑	提供社会治安保证，农村社区化建设管理，人员安置就业等方面的科技支撑
农民 就业与劳动力转移，提供就业培训和就业服务等方面的科技支撑	提供移民、防灾抗灾、地方性疾病防治等方面的科技支撑	提高科学文化素质，增加收入，提高医疗、卫生、保健等方面的科技支撑

资料来源：吴永章等（2012）。

　　由于农业科技本身所包含的范围较广，如表 2 - 1 所示，农业科技需求既包括农业生产中使用一些农业生产技术、一些简单的专为农村和城市生活而设计的农产品加工技术，还包括种植、水产养殖、化肥和农药的使用、各种生产资料的鉴定以及高效的农业生产模式等。农业科技涵盖从宏观到微观的一切内容（赵威武，2014）。所以，农业科技需求的种类和范围相应地也就包含了上述各个环节。为了便于认识和研究，依据需求内容的实现路径、层次以及对象将农业科技的不同需求进行了相关分类。

2.1.1.3　农业科技需求的内容研究体系

　　吴永章（2012）认为展开农业科技相关研究的基础是农业科技需求内容体系的划定，其科学性与合理性也直接影响了后续研究的成果。因此，农业科技需求内容体系划定有利于农业科技需求层次、科技供需均衡以及影响因素等相关方面研究的深入展开。因为如何以有限的资源投入获得更大的收益和发展，是农业科技的供给者和需求者需要共同面对的问题。因此，认识和了解农业科技需求的内容研究体系（表 2 - 2）有助于为后续研究夯实基础。

表 2 - 2 农业科技需求的内容研究体系

一级指标	二级指标	三级指标
农业科技创新需求	关键技术攻关需求	安全生产与质量控制；动植物新品种；动植物疫病虫防治防控；生产机械化；农产品产后处理与深加工；气候应对与防灾减灾；信息化；环境保护与修复；资源高效利用
	创新基础条件建设需求	实验室基地；人才；创新资源共享；资源利用率
	创新研发改进需求	项目运作；研发导向；评价体系科学化；多学科协同
	实用效果提升需求	产业结合度；扩散效应；成果转化速率
农业科技可持续发展需求	农业科技推广与普及需求	推广组织、机构；咨询组织、机构；农民培训项目与机构；宣传、知识普及渠道
	农业科技风险规避与补偿需求	农民科技应用风险规避；政府应急预案与补偿；农民维权渠道
	农业科技评价需求	农民科技需求诉求渠道；农业科技评价
农业科技服务需求	农业科技法律服务需求	税收优惠政策；执法
	农业科技信息服务需求	研发信息；农业科技推广信息；农业科技信息服务网络；农业科技信息技术平台建设
	农业科技知识产权需求	农业科技知识产权机构与政策
农业科技保障需求	农业科技投入的需求	政府财政投入；科研单位、企业和其他社会力量投入；金融、保险等风险投入
	国际合作与交流需求	技术、人才引进与交流；项目合作与交流
	农业科技政策与组织保障需求	政策法规；发展规划；管理与监督机构设置；协商

资料来源：吴永章等（2012）。

从表 2 - 2 可以看出，农业科技体系很庞大，包含了农民、农业、农村各个方面和层次，也包含了服务、保障、创新和可持续发展，也就是说农业科技不仅要扩大农产品生产的产量、提高农产品生产的质量、为农业生产者带来更高的经济利益以及为农业发展提供保障，更重要的是提升农业自身的能力和素质，实现农业绿色化、产业化、现代化发展，更好地适应市场的需求。

2.1.2 农业科技需求优先序

2.1.2.1 农业科技需求优先序的内涵

由于目前国内外没有给需求优先序一个准确的定义，按照对偏好的理解，我们可以把需求优先序理解为对不同需求的偏好顺序，即在不同的条件约束下，消费者对某种需求的排列顺序。具体来说，如果消费者面临消费集中的任意两个消费约束条件时，就会根据"孰优孰劣"的判断标准来判断出自己更偏好于哪一个，从而反映出消费者对商品的喜好程度。需求优先序实质上类似于价值评估问题，即高价值的在前低价值的在后。

参照上述对需求优先序的理解和认识，本书将"农业科技需求优先序"定义为：按照农户在面对多项农业科技时表现的偏好程度或需求强烈程度从而判断出的农户对农业科技的选用排序。即如果某一项农业技术能给农民带来比较高的效用，则说明农民对该项农业技术具有较高的需求偏好。

2.1.2.2 农业科技需求优先序的测度

经济学认为，效用是消费者借助于某一种方式来使自己的需求、欲望等得到实现，它是一个度量。简言之，可以从两个方面来判断某一种商品对消费者是否具有效用，一方面是消费者对这种商品是否有消费的欲望，另一方面是这种商品能否满足消费者的欲望。由于效用无法直接测量，因而效用之间的比较通过排序或等级来表示较为科学（马歇尔，2007；高鸿业，2001；曼昆，2012）。

（1）频数分析法

频数也称"次数"，对总数据按某种标准进行分组，统计出各个组内含个体的个数。而频率则是每个小组的频数与数据总数的比值。

在变量分配数列中，频数（频率）表明对应组标志值的作用程度。频数（频率）数值越大表明该组标志值对于总体水平所起的作用也越大，反之，频数（频率）数值越小，表明该组标志值对于总体水平所起的作用越小。

（2）聚类分析法

该方法是一种将一组研究对象分为相对同质的群组进行统计分析的技术。其依据"物以类聚"的原理，即认为样本或变量之间存在着不同程度的相似性，在没有先验知识的情况下，将物理或抽象的样本按照各自的特性进行合理分类。也就是说，把相似程度较大的样本聚合为一类，再把另外一些相似程度较大的样本聚合为一类，直到把所有样本全部聚合完成，形成一个由小到大的分类系统。

在本书相关内容的研究中将会借助上述方法对土地规模经营农户农业科

技需求的优先序进行分析，以期找到农户的技术需求与农业科技部门的技术供给之间的契合点。

2.1.3 农业科技需求强度

2.1.3.1 农业科技需求强度的内涵

科技需求强度是指基于农户在农业生产、发展等过程中对科技成果、科技生产投入要素等需求量的大小，一定程度上反映了农户对农业科技成果需求的迫切和强烈程度。

农业的发展离不开科学技术作为后盾。农户科技需求的内涵主要有两个层次：一是农户作为科技消费主体，追求效率提升产生的对科技成果本身的需求；二是农业科技供给主体（如农业企业、农业技术推广机构、农业科研机构和农业院校等）对科技生产活动顺利、高效实施所涉及、所需具备的包括科技发展基础设施、科技资源、科技发展软环境在内的各种投入要素（指广义上的要素）的需求（龚三乐，2010）。农户科技需求的力度、程度也会因为不同地区的经济社会发展、农业生产水平和农户自身追求目标而存在差异。

从上述概念界定可以看出，农户农业科技需求是一个长期的动态过程，对于它的测度，一种方法是进行微观数据统计，如借助统计年鉴或技术推广部门的相关统计数据进行列举说明，这种方法最直接简单，可以直观地对技术成果的需求层次和数量进行展示和说明，但未能更好地反映出深层次问题；另一种方法就是利用调查数据从技术内容维度出发，结合不同农业经营主体需求环节和农业科技推广机制中的供给环节，对某个阶段农户技术需求或供给现状进行测度。关于目前农业科技供需的现状，黄季焜、胡瑞法、宋军、罗泽尔（1998，2000）等学者均进行了研究，认为我国目前农业科技供需现状存在"有效需求"与"有效供给"不足、失衡的现象，并指出，在农业科技推广的过程中存在着政府行为与农民技术需求行为相悖离的问题，受政府行为影响的农业技术推广人员对农民的技术需求在认识上与行为上也存在着显著不同。

2.1.3.2 农业科技需求强度的测度

农业科技投入水平在衡量一个国家或地区农业科技实力时是一项重要指

标，但是，在国家大力投入的同时，农户对农业科技需求如何度量，则可以借助需求强度指标实现，主体对某种商品需求的迫切程度称为需求强度，它与需求弹性呈反向关系。土地规模经营农户对农业技术种类或服务的需求也会因不同地区、不同农业生产水平而不尽相同，农业科技推广应根据农户的需求强度来确定其需求结构，以满足其对农业科技的要求，更好地服务农业生产活动。本研究借鉴刘淑娟（2014）的研究成果，拟从价值角度出发，将土地经营主体的农业科技需求强度通过"新技术投入率"这一指标来度量，用公式表示：

$$新技术投入率 = \frac{农业新技术投入总额}{农业生产投入总额} \times 100\%$$

根据当前农业新技术推广中的农业"五新"技术，具体来说分别是新产品、新技术、新农药、新肥料和新机具，因此把包含这五者在内的新技术投入都计入技术投入费用总额中，由此可以用公式表示：

$$新技术投入率 = \frac{新技术 + 新农药 + 新肥料 + 新品种 + 新机具}{农业生产投入总额} \times 100\%$$

基于该指标，在对农业科技需求强度进行测算的基础上，本研究将对影响农户农业科技需求强度的影响因素进行回归分析，包括转入面积、技术服务可得性、环境感知、南北疆、家庭总收入以及新技术易用性等 6 个自变量，对因变量农户农业科技需求强度进行逐步回归，探讨影响农业科技需求强度的因素及影响程度。

2.2　农业科技体系的变迁与发展

农业科技体系的建立及其技术的推广普及是人类从进入农业社会就开始出现的一种社会活动，其本质是为促进农业发展（顾红，2008）。对我国农业科技体系的发展历程有较为清晰的认识，有利于建立与发展优良的现代农业推广体系。

2.2.1　中华人民共和国成立之前的农业科技制度发展历程

我国的农业科学技术源远流长，但由于清朝政府的闭关锁国政策，导致农业生产和农村经济不断衰落，农业科技几乎停滞不前，更未形成完善的农业科技体制。直到从西方引进实验农学知识，近代中国才创建了农业科技组织体制，通过开展专门化的农业教育来培养专业的农业科技人才。此后虽经受战乱，但中国人民始终尽力构建我国的农业科技体系与机制，至中华人民共和国成立前，已在一定程度上为我国农业科技与农业发展奠定了基础。

中华人民共和国成立前，我国的农业科研体制发展过程大体又可分为晚清以前、晚清时期、民国时期以及抗日战争至中华人民共和国成立前四个阶段，具体如表2-3所示。

表2-3 中华人民共和国成立前的农业科技制度发展历程

主要历史时期	主要事件及其特点	主要特点
晚清以前	自发的、零星分散、以经验为主的农业科技发展状态	农业科技体制尚未形成
晚清时期	1896年，上海正式成立了农学组织"务农总会"，进行农业技术改良和推广	我国中西结合的农业科技体系雏形的形成
	1897年，杭州浙江蚕学馆建成	
	1898年，开创设立农工商总局；在上海成立育香试验场	
	1899年，淮安成立饲蚕试验场	
	1902年，创立直隶省保定农事试验场，综合性农事试验机构在全国各地陆续诞生	
	1906年，清政府农工商部于北平创办京师农事试验场，标志着我国第一所国家级的综合性的农事研究机构的诞生	
民国时期	1912年，北洋政府成立后设立农林部为农政部门	近代农业科学技术发展建制正式起步
	1914年，先行创设农科，次年添设林科合称金陵大学农林科	
	1916年，《中央及地方农事试验场联合办法》颁布，中央农事试验场为国家级农业科研机构	
	1929年，成立北平研究院	
抗日战争至中华人民共和国成立前	1938年，国民政府将实业部改为经济部，部内设置农林司，主管农、林、蚕、垦、渔、牧等事业	农业科技体制初创成形
	1945年，战后重建变动频繁的国民政府农业管理机构	
	1948年，根据地和解放区政府成立华北人民政府，由农林部负责农业发展问题	

资料来源：朱世桂（2012）及农业部相关资料。

2.2.2　以计划经济体制为导向的农业科技体系的建立与发展历程

1949 年中华人民共和国的成立标志着一个新时代的开始，中华人民共和国成功转型成为社会主义国家，建设、巩固和发展社会主义成为现阶段"百废待兴"的局面下党和国家的重大历史责任。在此背景下，国家决定通过科技人才的整合、科研机构的改造，实行"科技先行，促进各行业繁荣"的方针来发展经济，从此拉开了当代中国科技体制构建、发展的序幕。这个时期主要经历了四个阶段。

2.2.2.1　中华人民共和国农业科技体制重构阶段（1949—1957 年）

中华人民共和国成立初期，随着中央人民政府农业部科学技术职能部门的建立和完善，农业科技体制在留用和接收原有的民国时期设立的科研机构人员和机构的基础上逐步形成（表 2-4），按照计划体制的集中模式，各省、直辖市和自治区也逐步开始接管和整顿 1949 年之前原有的、有限的科研机构，开始逐步建立起新的科研机构，建立了较为完备的农业科研组织体系。基本建立了适应计划经济、自上而下的农业科技体系和农业技术推广体系，为中华人民共和国农业科研体系的发展奠定了基础。

表 2-4　1949—1957 年中国农业科技体系的重构

年份	主要事件	主要内容
1948	黑龙江省试办农业技术推广站	
1950	一些省级农业局设立了技术推广办公室和部门，在一些国有农场设立了技术推广科和技术推广单位	推广农业生产技术和新品种
1952	农业部召开全国农业工作会议，设立农业技术指导站	各级政府设立专职人员、专门机构来开展农业科技推广工作
1955	"农业技术促进站工作指示"发布	农业技术推广站负责总结农民生产经验，推广农业科技，帮助农民增产增收
1956	制定《1956 年到 1957 年全国农业发展纲要（草案）》	成立基层农业技术服务站，形成了国家统一领导和管理的科技体制，标志着我国科学技术高度集中的计划体制的建立基本完成
1957	中国农业科学院成立	领导七大区的农科所发展

资料来源：朱世桂（2012）及农业部相关资料。

2.2.2.2 农业科技体制调整巩固阶段（1958—1966年）

此阶段中国农业科技体制进入了一个较为剧烈的变动时期。盲目性的农业发展在一定程度上影响了中国农业科技体制的发展。自1961年开始，国家开始对科技工作中的某些政策问题做了规定和澄清。这个时期我国逐渐建成了从中央到地方三级农业科学研究体系，设立专业、学科设置（表2-5）。但同时也产生了各级科研机构科研工作分散、实验开发重复性高的问题，造成了系统多、制度多、层次多的农业科技系统工作繁复现象（朱世桂，2012）。

表2-5 1958—1963年中国农业科技体系的调整巩固

年份	主要事件	主要内容
1958	发布"在全国各地区各方面普及推行种试验田的通知"	组成农业科学工作队，分赴各地支援农业生产"大跃进"
1959	全国农业科学研究工作会议召开	根据"农业八字宪法"建立省地县农业科研机构及其网络，设立必要的专业性机构
1960	国家科学技术委员会发布《科研机构精简、迁移、合并、下放和撤销的意见》	下放一批研究所，精简和下放科研机构，严重影响了科研人员的稳定性和科研工作的连续性
1962	农业部成立了农业科技事业管理局；召开全国农业科技会议，成立了农业科技委员会	明确农业部科学技术委员会的任务，使农业科技工作的管理逐步得到完善和加强
1963	全国农业科技工作会议召开	由农业部直接领导农业科研体系，新的农业科技管理体制建立

资料来源：朱世桂（2012）。

2.2.2.3 农业科技体制整顿变化阶段（1967—1978年）

这个阶段处于基本完成国民经济的调整并开始执行第三个五年计划的时期，我国农业科研基础工作和理论研究因"文化大革命"的一系列错误做法而停滞，使得我国农业科学水平逐渐落后于世界先进水平。尽管如此，我国农业科学技术工作者还是在极为艰难的条件下，克服了诸多困难，他们结合农业生产实践，加强了农业科技推广体制建设，取得了进步，特别是建立了农村"四级农科网"（表2-6），为恢复和推动我国农业科技体系的发展起到了巨大作用。

表 2 - 6　1967—1978 年中国农业科技体系的整顿变化

年份	主要事件	主要内容
1967	"文化大革命"开始	农业科研机构纷纷撤销、下放，科技人员下农村"接受再教育"
1969	创办"四级农科网"	即县办农科所、公社办农科站、生产大队办农科队、生产队办农科小组
1972	全国农业科技工作座谈会召开	中国农业科学院和湖南省农业科学院负责组织杂交水稻重大科研项目
1973	科教局成立	组织和管理全国农业科技教育工作，科技体制工作重新步入正轨
1974	全国四级农业科学实验网经验交流会召开，拟定了《关于建立健全四级农业科学实验网的意见》	明确了四级农业科学实验网络的具体任务
1978	党的十一届三中全会召开	明确指出农村"四级农业科学实验网"就是"四级推广网"。人民公社设立科技站，生产队成立科技小组，由生产队伍中的技术人员负责队伍的技术推广和指导工作

资料来源：朱世桂（2012）。

2.2.2.4　农业科技体制恢复与改革准备阶段（1978—1985 年）

这个阶段，各方的农业科技力量获得恢复和发展，全国各地区都在省、地两级普遍设立了农业科研机构。中国的国家农业科研体系逐步形成，包括了国家级和省级农科院、农业院校、中科院研究所等在内。同时，农业技术推广体系也处于不断完善之中，逐渐形成与计划经济相统一的农业科技管理体制，具体见表 2 - 7。

表 2 - 7　1978—1985 年中国农业科技体系的恢复与改革准备

年份	主要事件	主要内容
1978—1980	1.《全国科学技术发展规划纲要》 2.《中共中央关于加快农业发展若干问题的决定》 3.《农业部科学技术委员会组织纲要》 4.《关于加强农业科研工作的意见》	从顶层设计部署了科技发展新措施，坚持"各有侧重、各具特色"的原则，调整各级农业科研单位工作的方向和任务
1981—1984	1. 全国农业科技管理研究会成立 2. 成立了全国农业技术推广总站	农业科技管理逐步从经验管理向科学管理发展

资料来源：朱世桂（2012）及农业部相关资料。

计划经济体制为导向的农业科技制度的建立和发展经历了许多波折，既有成功的经验，也存在不合理性，没有按照自然经济区配置农业科研机构，具体体现为：①机构重叠，条块分割，各自为政；②农业科研重复低水平工作，浪费资源；③农业科技工作与经济结合不紧密，不能满足市场经济发展的需要。为了让农业科技服务地区经济和社会发展的历史使命得到最大化的发挥，就必须改变现状，这就为后期的改革提供了方向和目标。

2.2.3　以市场经济体制为导向的农业科技制度发展历程

现阶段的农业科技体制改革以修正前一阶段出现的问题为基础，以市场为导向，其目的是加强科技与经济的紧密结合，其核心是加快成果转化，其出发点是资金体制改革，鼓励科研机构在组织结构改革中采用多种形式。鼓励和建议农业科研机构与高等院校进行更多的沟通与合作，通过广泛的实践建立现代化的实验基地，打破各部门之间既有的隔阂。

2.2.3.1　农业科技体制的改革与探索阶段（1985—1995年）

1985年《中共中央关于科技体制改革的决定》的颁布，以及农牧渔业部于1986年开始的农业科技体制改革是市场化农业科技体系运行机制逐步建立的标志。由此，中国农业科技体制改革进入实践探索时期（朱世桂，2012），具体见表2-8。

表2-8　1985—1995年中国农业科技体系的改革与探索

年份	主要事件	主要内容
1985	全国科技工作会议召开，颁布《中共中央关于科学技术体制改革的决定》	标志着科研体制改革启动，科技体制由计划分配资源向市场分配资源转变
1986	制定《关于农业科学技术体制改革的若干意见（试行）》	农业科研体制改革全面启动
1987	召开第二次农业科技体制改革研讨会	加强科研生产经营横向联合和农业科研机构分类管理
1990	开展全国农业科技推广年活动	抓好科技兴农十项工作
1992	发布《关于加强农业科研单位科研成果转化工作的意见》	主要科研力量要以经济建设为主战场，提高农业科技水平
1994	制定《适应社会主义市场经济发展，深化科技体制改革实施要点》	推进农业科技成果产业化，调整省级农业科研机构布局，以应用研究为主，兼顾基础研究和技术开发
1995	全国科学技术大会召开	中央正式提出"科教兴国"战略

资料来源：朱世桂（2012）及农业部相关资料。

这时体制的改革开始以强调市场竞争为主，但同时又要求加强政府的作用，两个特点并存。着力于解决科研机构内部人员冗杂、机构设置不合理等问题，同时加强科技为经济服务的能力，并进一步扩大各单位自主权，促进科研人才的广泛、合理流动，促进交流。

2.2.3.2　农业科技体制的改革加深阶段（1996—2006 年）

在这个时期，根据国家科研体制改革的总体部署，面向农业和农村经济主战场，积极调整学科结构、优化布局、推进农业科研工作的同时，也在兴办科技产业、提供科技服务、推进科技推广和加速科技成果转化方面进行了一系列探索，如表 2-9 所示，取得了明显成效，有助于政府农科机构、产业研究部门以及高等农业院校之间分工明确、良性互动的新型科技体制的形成，大部分农业科研机构逐步走上了"一院（所）两制"、多种模式并存的发展道路，农业科研体制也更加强调和重视基础研究，促进成果有效供给。

表 2-9　1996—2007 年中国农业科技体系的改革加深阶段

年份	主要事件	主要内容
1996	《中央关于设立事业单位若干问题的意见》	明确事业单位向社会化方向进行改革，推进企业化转制改革
1999	召开全国技术创新大会 中共中央、国务院发布《关于加强技术创新，发展高科技，实现产业化的决定》 教育部制定《面向世纪教育振兴行动计划》	提出一系列深化科研体制改革措施 强化国家创新体系的建设 强调高等农业院校在农业科技发展和国家农业科技创新体系中的地位
2001	《农业科技发展纲要（2001—2010 年）》	建立新型农技推广体系
2002	召开农业部科研机构管理体制改革会议	启动实施农业科研机构分类改革，农业技术推广体系分别要承担经营性服务和公益性职能，建立新农业科技体制运行机制
2003	农业部印发关于《农业部关于直属科研机构管理体制改革实施意见》	全面启动了农业科技体制分类改革工作
2005	中央《关于进一步加强农村工作提高农业综合生产能力若干政策的意见》	建设国家农业科研创新基础基地和区域性农业科研中心
2006	召开全国科技大会，中央施行《国家中长期科学和技术发展规划纲要（2006—2020 年）》	进一步消除制约科技进步和创新的体制性、机制性障碍，开始了探索竞争性与保障性经费

资料来源：李平（2012）及农业部相关文件。

通过此阶段的改革，地方的农业科技体制改革也取得了一定进展，但也存在一定的问题：①对农业科研的公共物品特性即公益性特点考虑不够，公益性的农业科研成果储备不足；农业科技与市场的需求脱节，科研、教学、推广与生产脱节；②对农业科技服务对象的认识不够全面；③在体制改革中过度强调市场化，导致政府的农业科研投入结构不合理（朱世桂，2012）；④农业技术创新模式单一；⑤农业科研领域条块分割、资源分散、低水平重复、分工不明、协作不力等问题依然存在。但这些问题为创新型农业科技体系的发展埋下了伏笔，继续推动体系的向前发展。

2.2.3.3 创新型国家战略为导向的农业科技体系的探索与发展（2007年至今）

此阶段，国家开始实施工业反哺农业的政策，也表明我国进入了工业化的中期阶段（陈慧女、周伫，2014），在此背景下，2007年我国制定了《国家农业科技创新体系建设方案》《现代农业产业技术体系建设实施方案》两个方案，进行国家宏观层面的顶层设计，提出建设国家农业科技创新体系。针对前一个阶段我国农业科技体系和运行机制中存在的问题，结合对百年来农业科技体制变迁的历史轨迹的认识，依据国家创新体系理论，以期提升整个农业科研体系的创新能力和工作效率，解决组织重复设置和分工不合理造成的重复浪费问题（表2-10）。这是我国科技体制创新在重新认识农业科技特殊性基础之上的重大突破和里程碑，农业科技发展逐渐进入适应我国农业的新阶段。

表2-10 2012—2018年国家农业科技创新体系的发展阶段

年份	主要事件	主要内容
2012	中共中央1号文件关于加快推进农业科技创新持续增强农产品供给保障能力的若干意见	突破体制机制障碍，加大农业科技投入，促进农业科技跨越式发展
2013	印发《2013年基层农业技术推广体系改革与建设实施指导意见》	提出围绕现阶段农业和农村经济发展的需要，建立和完善高效、优质、有力支持、农民满意的基层农业技术推广机构
2014	中央1号文件指出支持构建现代农业产业技术体系	促进国家农业科技园区合作创新战略联盟
2015	《关于国家农业科技创新与集成示范基地建设的意见》	建设创新基地是破解长期制约农业科研成果转化率低、推进农业科技体制和机制创新的重要探索

（续）

年份	主要事件	主要内容
2016	国务院印发《"十三五"国家科技创新规划》	提出以科技创新为引领开拓发展新境界，力争到 2020 年建立信息化主导、生物技术引领、智能化生产、可持续发展的现代农业技术体系，发展高效安全生态的现代农业技术
2017	中央 1 号文件指出，要整合创新资源，完善国家农业科技创新体系和现代农业技术体系	建立一批现代农业科技创新的科技创新中心和联盟，促进资源开放共享与服务平台建设
2018	制定《国家农业科技园区发展规划（2018—2025 年）》	定位于集聚创新资源，培育农业农村发展新动能，着力拓展农村创新创业、成果展示示范、成果转化推广和职业农民培训的功能

资料来源：李平（2012），历年中央 1 号文件。

2.3　新疆农业科技发展现状及效率分析

根据我国科技工作实际操作特点和科技部对科技投入的分类统计，可以从人、财、物三个方面来考察农业科技的投入水平，本研究将财、物两方面的投入统一在资本投入中讨论。从全国范围来看，2015 年，全国农业科研机构科技活动投入 242.35 亿元，基本建设投资实际完成 29.06 亿元，科研基建 26.23 亿元，年末固定资产原价 314.25 亿元，资本投入水平都比上年有所增长；从事科研活动人员总数 6.94 万人，人员素质呈现逐年提高的趋势。其中，新疆的农业科技活动资本投入接近全国平均水平，人员投入水平则相对较高。

农业科研机构承担了全国绝大部分的农业科研相关工作，其数量变化在一定程度上反映了相关部门对农业科研投入的重视程度。由图 2-1 可知，2006 年至 2015 年，新疆农业科研机构数量略有增加，就全国范围而言，随着全国科研机构单位数量的下降，其占比由 2006 年的 4.4% 上升到 2015年的 4.9%；就地区范围而言，2015 年年末其数量占比已上升到西北区包括陕西、甘肃、青海、宁夏、新疆等五省（市、区）农业科研机构数量的 35.7%。农业科研机构绝对数量和相对数量的增加说明了新疆在农业科技研发方面投入了较多的人力、物力和财力，反映了当地对于农业科技研发不断提高的重视程度，为农业科技需求主体的经营行为转变提供了有利背景。

图2-1　2003—2015年全国农业科研机构单位数量变化情况

数据来源：《全国农业科技统计资料汇编（2016）》。

2.3.1　农业科技投入情况

在农业科研机构经费投入方面，由图2-2可知，2006年至2015年，新疆农业科研机构的年度经费支出呈现上升趋势，尤其近5年已达到较高支出水平，其中，农科院的年度经费支出虽然增长较为缓慢，但同样保持着逐年上升的趋势。2015年，新疆农业科研机构年度经费支出达8.74亿元，占

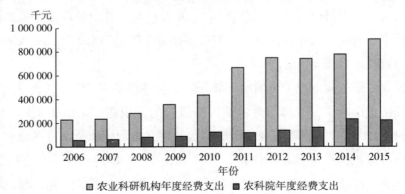

图2-2　2006—2015年新疆农业科研机构经费支出情况

数据来源：《全国农业科技统计资料汇编（2016）》。

全国农业科研机构年度经费支出的 3.21%，高于全国平均水平；在西北地区处于领先水平，占到西北区包括陕西、甘肃、青海、宁夏、新疆等五省（自治区）农业科研机构年度经费支出的 38%。作为农业科技工作的主体，农业科研机构较高的经费支出水平体现了新疆在农业科技经费方面的投入力度的不断加大，且已处于较高的水平。

　　具体而言，在新疆农业科研机构年度支出中，科技活动支出为主要部分，并且近 10 年也呈现逐年上升的趋势（图 2-3），由 2006 年占总年度支出的 66.43% 上升到 2015 年的 74.71%。横向来看，全国农业科研机构近 10 年的科技活动支出持续增长，西北区五省（自治区）呈现同样趋势，并在全国农业科研机构科技活动支出中占比有所提高，2015 年，新疆农业科研机构的科技活动支出已接近于全国平均水平，达到 6.53 亿元。其中，农科院的年度科技活动支出也保持着小幅度上升的趋势，2015 年首次超过 2 亿元（表 2-11）。科技活动支出在农业科研机构年度经费支出中的高占比进一步说明了新疆在农业科技方面较高的资本投入水平。

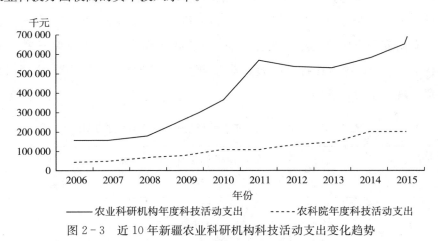

图 2-3　近 10 年新疆农业科研机构科技活动支出变化趋势

表 2-11　2006—2015 年农业科研机构科技活动支出

年份	农业科研机构科技活动支出（千元）			农科院科技活动支出（千元）		
	全国	西北区	新疆	全国	西北区	新疆
2006	4 481 586	357 101	152 963	2 324 048	105 156	42 334
2007	5 295 063	391 929	159 012	2 813 894	126 237	50 279
2008	6 553 160	474 838	174 613	3 594 157	171 137	67 188

（续）

年份	农业科研机构科技活动支出（千元）			农科院科技活动支出（千元）		
	全国	西北区	新疆	全国	西北区	新疆
2009	8 245 510	651 991	269 244	4 547 938	209 179	80 496
2010	9 804 646	823 852	365 846	5 338 172	254 753	112 491
2011	15 268 704	1 180 125	569 839	6 006 824	259 079	110 221
2012	16 951 274	1 177 997	537 938	6 949 065	286 473	133 799
2013	18 435 990	1 380 533	530 878	7 289 699	339 763	148 664
2014	18 710 821	1 543 352	579 191	6 947 826	416 151	201 885
2015	21 658 163	1 780 612	653 130	8 610 017	520 284	202 207

进一步地，关注新疆农业科研机构 R&D 经费的支出情况，2006—2015年全国农业科研机构的 R&D 经费支出一直保持增长的态势，西北区变化趋势与全国相同（表 2 - 12），新疆农业科研机构 R&D 经费支出在西北区农业科研机构中占据了较高比例，2015 年新疆农业科研机构 R&D 支出 3.26 亿元，占西北五省总数的 41.23%，处于领先地位。主要的科技研发活动按照活动类型可分为基础研究、应用研究和试验发展三类，由图 2 - 4 可知，其中基础研究和应用研究经费在近 10 年有极为缓慢的增长，而试验发展近 10 年在 R&D 经费中占比提高显著，2013 年后有所下降，2015 年，应用研究经费体现出了较显著的增长。

表 2 - 12　2006—2015 年农业科研机构 R&D 经费支出

年份	农业科研机构 R&D 经费（千元）		
	全国	西北区	新疆
2006	1 936 221	99 879	50 823
2007	2 251 620	133 602	70 094
2008	2 923 231	145 321	74 875
2009	4 002 855	240 586	130 555
2010	4 817 975	303 955	170 371
2011	7 908 770	374 635	198 229
2012	9 292 294	478 039	235 448
2013	10 032 321	647 863	313 557
2014	10 415 918	623 438	265 700
2015	12 568 582	790 470	325 925

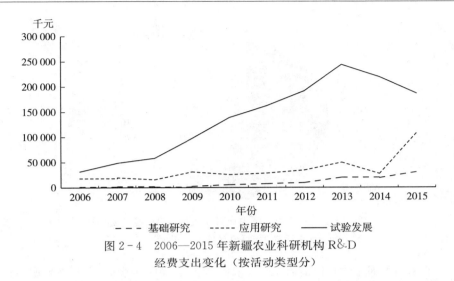

图 2-4　2006—2015 年新疆农业科研机构 R&D
经费支出变化（按活动类型分）

　　新疆各行业总体 R&D 经费支出 52 亿元，按活动类型分类后，各类型 R&D 经费如图 2-5 所示，基础研究的经费支出占到 R&D 总经费支出的 73%。在农业领域，图 2-6 展示了 2015 年新疆农业科研机构 R&D 经费支出具体分布，分布状况与各行业总体 R&D 经费支出分布相似，但应用研究和试验发展获得了更高的占比。

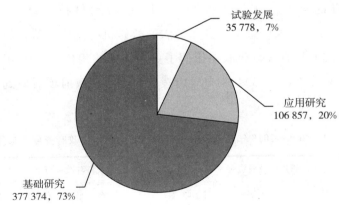

图 2-5　2015 年新疆 R&D 经费支出情况
（按活动类型分）（单位：千元）
数据来源：新疆维吾尔自治区统计局。

　　在对新疆农业科研机构农业科技活动经费支出总体水平描述的基础上，科技活动经费来源也值得关注，以进一步了解经费投入的主体。

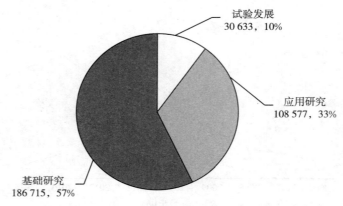

图 2 - 6 2015 年新疆农业科研机构 R&D 经费支出
（按活动类型分）（单位：千元）

在农业科研机构科技活动经费来源方面，政府资金是其主要来源，由图 2 - 7 可知，近 10 年农业科研机构科技活动政府资金呈现显著增长的趋势，2015 年，新疆科技活动投入中政府资金达 6.84 亿元，占到科技活动投入总额的 90.43%，农科院科技活动政府资金占总额的 89.94%。政府资金的来源主要包括财政拨款和承担政府项目，由表 2 - 13 可知，政府拨款是农业科研机构政府资金的主要来源，并且除 2013 年出现小幅度下滑外，政府拨款在政府资金中占比逐年提高，2015 年占到科技活动投入总额的 75.57%，农科院政府资金来源分布与农业科研机构基本一致，但承担政府项目在农科院的政府资金获取中扮演了更加重要的角色，2015 年新疆农科院政府资金来源中，62.39% 来自政府拨款，而承担政府项目占到了政府资金总额的 35.62%。

表 2 - 13　2006—2015 年农业科研机构科技活动收入中政府资金来源分布

年份	农业科研机构政府资金（千元）			农科院政府资金（千元）		
	财政拨款	承担政府项目	其他收入	财政拨款	承担政府项目	其他收入
2006	90 380	44 471	6 715	24 956	16 410	2 240
2007	116 896	45 832	11 577	30 116	22 016	3 760
2008	122 539	96 491	12 160	42 673	29 807	8 094
2009	172 908	106 416	6 849	46 810	22 831	421
2010	210 403	83 242	18 274	57 494	49 326	5 151

（续）

年份	农业科研机构政府资金（千元）			农科院政府资金（千元）		
	财政拨款	承担政府项目	其他收入	财政拨款	承担政府项目	其他收入
2011	241 140	155 107	56 109	56 686	44 380	11 585
2012	351 678	114 083	60 146	92 888	44 651	3 992
2013	320 508	125 320	97 185	84 867	46 140	14 455
2014	405 062	155 148	14 404	132 249	61 198	12 637
2015	516 565	159 324	7 663	117 885	67 311	3 761

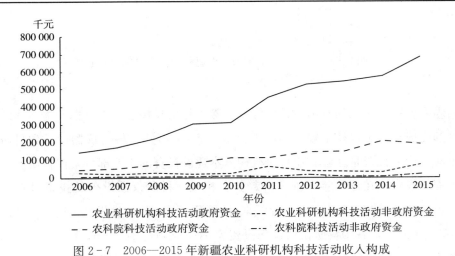

图 2-7　2006—2015 年新疆农业科研机构科技活动收入构成

　　当将 R&D 经费按照来源分配时，在新疆 2015 年各行业总体 R&D 经费中，政府资金 13.8 亿元，仅占总量的 26.54%，其余均为企业资金。而在农业科技领域，R&D 经费的来源渠道呈现了不同的状况，由图 2-8 可知，近 10 年政府资金在农业科研机构 R&D 经费中所占比例持续上升，到 2015 年已占到农业科研机构 R&D 经费总量的 87.76%，其余部分基本来自事业单位资金，企业资金基本为零。由此说明，在农业科技创新的投资中，政府占据了主导地位，体现出政府对新疆农业科技创新的较高关注度，同时也进一步证明了政府资金在新疆农业科技研发投入中的重要性。

　　除经费投入外，科研机构的基本建设和固定资产也是体现科技物质资本投入水平的重要指标。自 2009 年有统计数据以来，全国农业科研机构基本建设投资实际完成额持续上升，西北区也处于波动上升的状态（表 2-14），

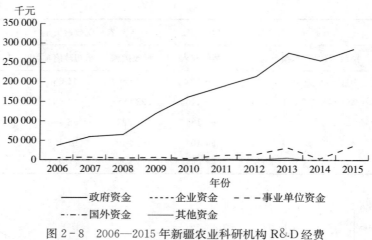

图 2-8 2006—2015 年新疆农业科研机构 R&D 经费
支出变化（按来源分）

新疆农业科研机构的基本建设实际完成额虽然增长幅度不大，但始终在西北区的完成总额中保持了较大的比重。由图 2-9 可知，科研仪器设备和科研土建工程的投资是新疆农业科研机构基本建设投资的主要部分，但科研土建工程的投资额在近几年呈现下降趋势，相反，科研仪器设备的投资额在近3 年却快速增长。2015 年，新疆农业科研机构基本建设投资实际完成5 673.4 万元，其中科研仪器设备投资实际完成额达到 4 896.8 万元，占基本建设投资实际完成额的 86.31%。农科院基本建设投资情况与农业科研机构基本建设投资总体状况相近，不予赘述。

表 2-14 农业科研机构基本建设投资实际完成额

年份	农业科研机构投资完成额（千元）			农科院投资完成额（千元）		
	全国	西北区	新疆	全国	西北区	新疆
2009	945 040	55 873	38 374	509 967	13 626	3 383
2010	1 000 743	52 279	30 523	483 902	7 567	1 280
2011	1 830 908	63 159	45 796	556 810	5 819	800
2012	2 250 445	150 078	62 322	823 572	17 986	4 407
2013	3 034 030	86 931	40 832	959 121	10 547	6 618
2014	2 724 735	137 304	43 951	860 122	12 635	35
2015	2 905 456	188 427	56 734	1 030 822	24 426	10 179

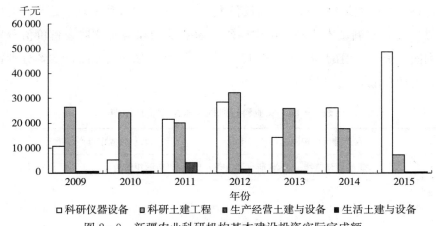

千元

图 2-9　新疆农业科研机构基本建设投资实际完成额

科研基建完成额在 2009 年至 2015 年中有所波动，2012 年达到峰值 6 094 万元，之后有所回落，近 3 年稳定增长，如图 2-10 所示，科研基建的主要投资来源为政府拨款，2015 年，新疆政府拨款占到科研基建的 85％，高于 77.72％全国平均水平。针对新疆农科院的科研基建完成额，不同于农业科研机构的总体状况，2015 年，事业单位资金表现出了在科研基建中的重要作用，占到总额的 62.25％，而政府拨款只占 37.75％。

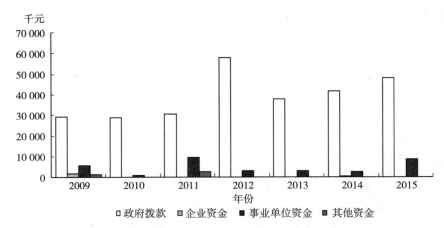

千元

图 2-10　新疆农业科研机构科研基建资金来源

在固定资产投入方面，如表 2-15 所示，农业科研机构的年末固定资产原值总体呈上升趋势，而农科院固定资产在 2013 年开始下降，2015 年有所升高且增幅明显，达到 8.53 亿元，比 2014 年增加 48.10％。在固定资产中，科研房屋建筑物和科研仪器设备为主要部分，也大致呈现了逐年上升的趋势，2015 年新疆农业科研机构科研房屋建筑物和科研仪器设备价值分别占到固定资产总值的 38.22% 和 43.23%，其中，农科院方面，二者分别占固定资产总值的 59.43% 和 33.90%。

表 2-15　农业科研机构年末固定资产原值

年份	农业科研机构固定资产（千元）		农科院固定资产（千元）	
	科研房屋建筑物	科研仪器设备	科研房屋建筑物	科研仪器设备
2009	188 355	121 902	92 138	34 271
2010	177 249	104 549	89 543	35 276
2011	283 866	140 510	177 270	48 374
2012	290 504	215 633	184 303	56 559
2013	316 576	261 512	188 828	75 145
2014	310 595	290 211	52 636	116 184
2015	326 184	368 872	190 293	108 552

2.3.2　人员投入情况

在企事业单位的农业技术人员投入方面，新疆农业技术人员数量由最初的 13 141 人增加到 2007 年的 33 859 人，虽然近 10 年农业技术人员有所减少，但波动不大，如图 2-11 所示，2015 年，新疆维吾尔自治区农业技术人员 28 797 人，占自治区企事业单位主要技术人员数的 6.02%。

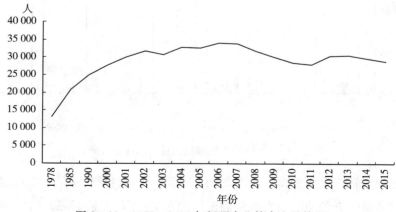

图 2-11　1978—2015 年新疆农业技术人员数量

数据来源：新疆维吾尔自治区统计局。

　　在科研机构科技人员投入方面，1993 年到 2015 年之间，新疆农业科研机构从事科技活动的人员数量变化不大，如图 2 - 12 所示，2015 年从事科技活动人员数量为 2 358 人，占全国农业科研机构从事科研活动人员总数的 3.40%，其中约 38% 为女性。按照从事科技活动类型分类，课题活动人员一直保持较高的占比，且数量在近几年有小幅度上升，而科技服务人员的数量有所下降（表 2 - 16）。

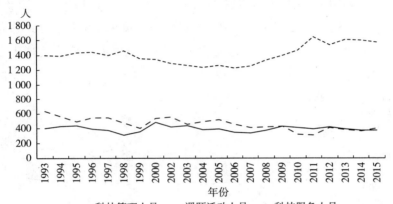

图 2 - 12　1993—2015 年新疆农业科研机构从事
科技活动各类人员数量

表 2 - 16　2006—2015 年农业科研机构从事科技活动人员数量

年份	农业科研机构科技活动人员数（人）			农科院科技活动人员数（人）		
	全国	西北区	新疆	全国	西北区	新疆
2006	53 076	6 072	2 026	19 723	1 348	447
2007	54 214	6 109	2 001	20 508	1 438	481
2008	54 990	6 272	2 125	20 958	1 496	505
2009	55 696	6 406	2 244	20 984	1 536	518
2010	57 521	6 568	2 208	21 816	1 548	526
2011	67 686	7 209	2 341	22 939	1 519	515
2012	68 431	7 208	2 364	23 424	1 580	576
2013	69 929	7 249	2 388	24 047	1 601	586
2014	68 653	7 058	2 340	24 271	1 816	789
2015	69 381	7 030	2 358	24 934	1 800	572

　　进一步关注从事科技活动人员的素质水平，由图 2-13 可知，从 1993 年到 2015 年，新疆农业科研机构从事科技活动人员中，研究生学历人员的数量大幅度提高，由于总人数变化幅度不大，所以研究生学历人员在从事科技活动人员中所占比例显著提高；本科学历人员一直保持着较高的比例，但变化并不明显；相比之下，学历较低的从事科技活动人员数量呈显著的下降趋势。从事科技活动人员中高学历人员增多而低学历人员逐渐减少的趋势说明新疆农业科研方面的人员投入素质越来越高。至 2015 年（图 2-13、图 2-14），农业科研机构从事科技活动人员中，本科学历人员 1 086 人，占到总人数的 46%，硕士学历 675 人，占到总人数的 29%，同时有 100 人为博士学历，

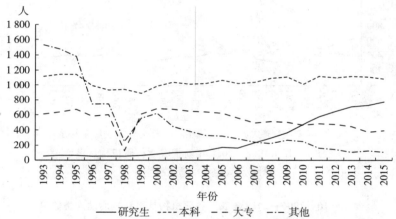

图 2-13　1993—2015 年新疆农业科研机构从事科技活动人员学历变化

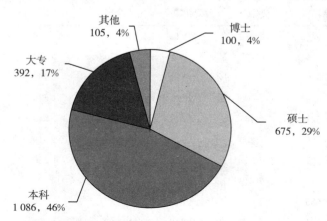

图 2-14　2015 年新疆农业科研机构从事科研活动人员学历分布（单位：人）

占到总体的 4%。其中，农科院中高学历科技人员比例更高，硕士学历人数占到总科技活动人数的 42%，博士学历人数占到 7%，均高于农业科研机构的总体水平（图 2 - 15）。

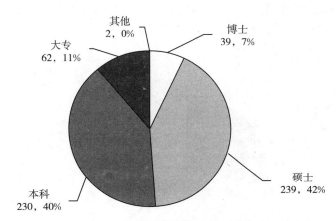

图 2 - 15　2015 年新疆农科院从事科研活动人员学历分布（单位：人）

在从事科技活动人员职称方面，如图 2 - 16 所示，从 1993 年以来，具有高级职称的科技人员数量逐年提高，呈现出显著增长的趋势；具有中级职称的人员数量也在波动中呈现出缓慢上升的态势；相反，具有初级职称的科技活动人员数量随着时间的推移显著减少，由 1993 年在从事科技活动人员中占比最高，到 2004 年已被中高级职称的人员数量超越，到 2015 年仅占到农业科研机构从事科技活动总人数的 17%。农科院从事科技活动人员职称

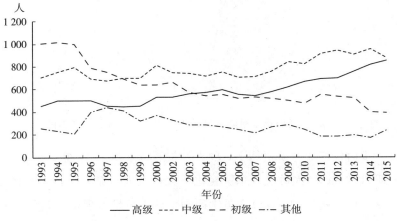

图 2 - 16　1993—2015 年新疆农业科研机构从事科研活动人员职称变化

分布与农业科研机构中的总体分布类似，但高级职称人员比例进一步提升（图2-17、图2-18）。科研人员职称的变化进一步说明了新疆农业科研队伍整体素质的提升，目前，新疆农业科研机构从事科技活动人员中已呈现出以高学历和高职称为主体的分布格局，并呈现高素质人员进一步增多的良好趋势。

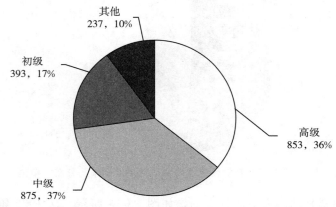

图2-17　2015年新疆农业科研机构从事科研活动人员职称分布（单位：人）

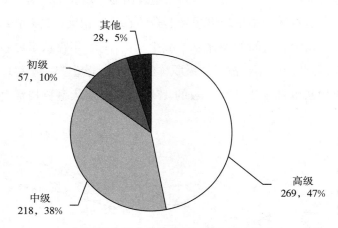

图2-18　2015年新疆农科院从事科研活动人员职称分布（单位：人）

进一步讨论农业科研机构R&D人员的投入，2009年至2015年，新疆农业科研机构R&D人员投入总量变化不大，在人员结构方面，由图2-19可知，农业科研机构的R&D人员中硕士、博士数量呈现增长趋势，而相对高学历人员，本科及其他学历的人员数量呈现明显下降趋势，2015年，新疆农业科研机构 R&D 人员中，硕士人员占比已与本科学历人员接近，如图 2-20 所示，说明在农业科技创新领域，人员趋于高素质化，人员投入水平越来越高。

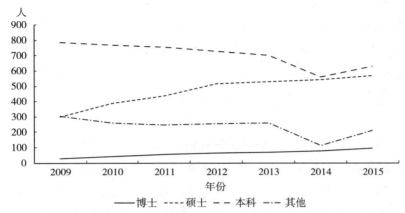

图 2-19　2009—2015 年新疆农业科研机构 R&D 人员学历变化

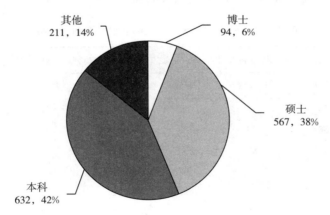

图 2-20　2015 年新疆农业科研机构 R&D 人员学历分布（单位：人）

2.3.3　农业科技产出情况

农业科技产出主要表现在农业科研机构的专利及著作数量上，2015 年，全国各省农业科研机构共有专利受理数 6 934 件、专利授权 5 417 件、有效发明专利 11 048 件，在著作方面，共发表科技论文 28 732 篇，出版科技著作 881 种。总体而言，新疆的农业科研机构专利申请和著作出版在全国各省

（市、自治区）中表现出相对较高的水平，并且大多存在进一步增长的趋势，以下将结合具体的统计数据进行具体分析。

2.3.3.1 专利申请

专利数量是体现科技产出水平的重要指标，由表 2 - 17 可知，近 10 年全国农业科研机构专利受理数快速增加，由 2006 年的 567 件上升为 2015 年的 6 934 件，增幅明显；西北区五省农业科研机构专利受理数在全国占有率也有较大提升，由 5.29% 增长为 11.21%；新疆农业科研机构专利申请的受理数呈现有波动的上升趋势，略高于全国平均水平，2015 年，新疆农业科研机构申请专利受理数 272 件，比 2014 年增长 38.75%，数量增长显著，但近两年来在西北区五省的农业科研机构专利申请受理数中的占比有明显的下降，原因来自甘肃省农业科研机构专利受理数的快速增长。农科院专利申请受理数的变化趋势与农业科研机构保持一致，但在农科院方面，新疆保持了在西北区的优势地位，2015 年新疆农科院专利申请受理数占全国的 3.40%，占西北区农科院专利受理总数的 63.25%。

表 2 - 17 2006—2015 年农业科研机构专利受理数

年份	农业科研机构专利申请数（件）			农科院专利申请数（件）		
	全国	西北区	新疆	全国	西北区	新疆
2006	567	30	17	338	12	6
2007	864	59	37	591	36	22
2008	1 053	85	43	648	22	26
2009	1 493	109	62	980	49	11
2010	1 843	183	97	1 221	101	36
2011	2 894	158	60	1 384	55	12
2012	4 085	261	153	1 721	71	41
2013	5 531	420	218	2 266	102	61
2014	6 204	502	196	2 230	110	79
2015	6 934	777	272	3 091	166	105

在专利授权数方面，由表 2 - 18 可知，近 10 年全国科研机构专利授权数大幅度增加，由 2006 年的 370 件跃升为 2015 年的 5 417 件，西北区五省（自治区）同样增幅明显，并在全国农业科研机构专利授权总数中所占比例

显著提升；新疆农业科研机构专利授权数呈现逐年增加的平稳上升趋势，2015 年农业科研机构专利授权数增长尤为显著，总数达到 178 件，比上年增长 47.11%，占全国农业科研机构专利授权总数的 3.29%，超越全国平均水平，但总体增速不及西北区五省（自治区）的整体增速，在西北区五省（自治区）农业科研机构专利授权数中占比有所下降，农科院的专利授权数量变化趋势与总体趋势一致。在新疆农业科研机构的 178 件授权专利中，发明专利 60 件，由图 2 - 21 可以看出，近 10 年来新疆农业科研机构的发明专利数也呈现出明显的上升趋势，体现了农业科研机构在科技创新方面能力的提升。

表 2 - 18　2006—2015 年农业科研机构专利授权数

年份	农业科研机构专利授权数（件）			农科院专利授权数（件）		
	全国	西北区	新疆	全国	西北区	新疆
2006	370	20	11	226	10	5
2007	394	25	14	209	10	5
2008	488	36	16	268	14	9
2009	637	63	34	343	34	10
2010	845	84	50	502	35	12
2011	1 900	114	61	847	45	32
2012	2 853	158	82	1 218	43	26
2013	3 899	263	117	1 615	89	45
2014	4 490	338	121	1 565	79	62
2015	5 417	599	178	2 281	127	79

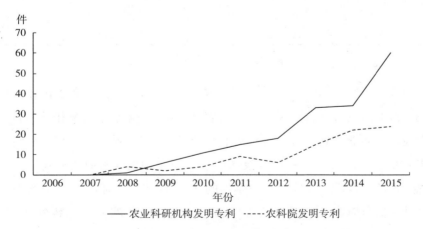

图 2 - 21　2006—2015 年新疆农业科研机构发明专利数

在科研机构有效发明专利数方面，由表 2 - 19 可知，近 10 年全国水平增长显著，西北区五省（自治区）与全国趋势相同，但增速更快，2006—2011 年间，新疆农业科研机构有效发明专利数一直处于较低水平，到 2012 年大幅度提高，并一直保持较高的拥有水平，2015 年拥有量进一步提升，有效发明专利数达 249 项，比 2014 年增长了 1.37 倍，但相对于西北区五省（自治区）农业科研机构有效发明专利总数的增长，新疆农业科研机构的有效发明专利数增速较缓。新疆农科院有效发明专利数呈现出了更为高速的增长态势，拥有专利件数也比上年翻了一番，呈现出极高的增长水平，超越了全国的平均水平，并在西北区拥有领先优势。

表 2 - 19 2006—2015 年农业科研机构发明专利总件数

年份	农业科研机构发明专利总件数（件）			农科院发明专利总件数（件）		
	全国	西北区	新疆	全国	西北区	新疆
2006	847	31	17	511	8	2
2007	968	32	14	554	10	2
2008	1 473	57	17	820	2	17
2009	1 298	38	6	957	23	2
2010	1 401	38	17	1 003	16	4
2011	2 898	139	24	1 478	36	10
2012	4 711	360	165	2 571	145	95
2013	7 236	351	96	3 470	120	53
2014	9 133	519	105	3 554	149	88
2015	11 048	954	249	5 373	276	182

2.3.3.2 科技著作

由表 2 - 20 可知，近 10 年，全国农业科研机构科技论文著作数量持续增长，西北区五省（自治区）增速较全国较低，新疆农业科研机构的科技著作发表数与西北五省（自治区）基本保持了相同的趋势，一直保持较稳定的发表数量，2015 年发表科技论文 847 篇，占全国农业科研机构科研论文发表总篇数的 2.95％，相较于 2006 年的 3.34％有所下降，未及全国平均水平；其中农科院发表科技论文 300 篇，占全国农科院发表总数的 2.54％，同样与全国平均水平存在差距。在新疆农业科研机构已发表的科技论文中，国外发表 37 篇，其中农科院科技论文国外发表 21 篇，是农业科研机构科技论文国外发表的主要来源。

表 2-20 2006—2015 年农业科研机构发表科技论文数

年份	农业科研机构科技论文（篇）			农科院科技论文（篇）		
	全国	西北区	新疆	全国	西北区	新疆
2006	17 252	1 787	577	9 125	617	172
2007	17 996	1 975	635	9 488	720	230
2008	19 090	2 083	669	9 757	214	213
2009	20 750	2 311	752	11 069	819	208
2010	22 213	2 398	822	11 827	924	274
2011	29 543	2 871	768	12 175	861	255
2012	28 692	2 687	782	11 825	783	235
2013	28 565	2 509	807	11 595	775	239
2014	29 106	2 500	831	10 082	846	391
2015	28 732	2 598	847	11 821	927	300

表 2-21 2006—2015 年农业科研机构出版科技著作种类

年份	农业科研机构科技著作（种）			农科院科技著作（种）		
	全国	西北区	新疆	全国	西北区	新疆
2006	470	24	9	319	18	5
2007	408	32	11	265	22	8
2008	471	33	6	306	3	2
2009	645	52	18	420	25	11
2010	632	26	12	442	9	6
2011	875	56	27	352	11	2
2012	776	61	42	365	32	23
2013	884	57	28	332	17	10
2014	942	97	43	326	52	39
2015	881	75	39	356	34	26

在科技著作出版方面，与科技论文发表数量的平稳趋势不同，如表 2-21 所示，近 10 年来，新疆农业科研机构出版科技著作数量显著增多，农科院科技著作出版量变化与农业科研机构总体趋势基本一致。2015 年，

新疆农业科研机构出版科技著作总数为 39 种，虽然相较于 2014 年的 43 种有所下降，但仍处于西北区五省（自治区）的领先位置，占到西北区五省（自治区）2015 年科技著作出版总数的 52％，占全国农业科研机构科技著作出版总数的 4.43％，显著高于全国平均水平。具体到农科院，新疆农科院 2015 年出版科技著作 26 种，占到西北区五省（自治区）农科院科技著作出版总数的 76.47％，体现出明显的领先优势，占到全国农科院科技著作出版总数的 7.30％，在各省农科院科技著作出版中也处于较为领先的位置。

2.3.4　农业科技投入产出效率

2.3.4.1　指标与模型选择

数据包络分析方法（DEA）是一种衡量具有多个投入和多个产出情况的有效方法，这种方法具有许多优点：第一，事前可以不需要假设任何一个投入与产出之间的函数关系，任意一个投入都可以通过调节生产结构来达到效率最大化；第二，DEA 是通过线性规划模型得出的相对有效方法，在实际应用研究中，技术效率难以达到最优，所以相对有效比绝对有效更具有实际意义。

本研究以全国 31 个省（市、区）作为决策单元，运用曼奎斯特生产率指数测算各省（市、区）农业科技部门的全要素生产率。Fare 等（1997）认为曼奎斯特生产率指数的优势主要存在于四个方面：①不要求价格信息；②不要求行为假设；③便于计算；④在一定条件下优于 Tornqvist 指数和 Fisher 理想指数（Caves et al.，1982）。本研究主要从投入角度研究全要素生产率的变化，参考颜鹏飞、王兵（2004）的测算方法，假设在每一个时期 $t=1$，2，$\cdots$，T，$k=1$，2，$\cdots$，K 个省使用 $n=1$，2，$\cdots$，N 种投入，得到 $m=1$，2，$\cdots$，M 种产出。引入距离函数，可将其视作某一生产点（x_t，y_t）到理想的产出水平生产点的距离。当且仅当生产组合（x_t，y_t）在生产前沿面上时，在技术上是有效的。同理，得到 $t+1$ 时的距离函数，则 t 和 $t+1$ 时期的基于投入的曼奎斯特指数表示如下：

$$M_I^t(x^t,\ x^{t+1},\ y^t,\ y^{t+1})=\frac{D_I^t\ (y^t,\ x^t)}{D_I^t\ (y^{t+1},\ x^{t+1})} \qquad (2-1)$$

$$M_I^{t+1}(x^t,\ x^{t+1},\ y^t,\ y^{t+1})=\frac{D_I^{t+1}\ (y^t,\ x^t)}{D_I^{t+1}\ (y^{t+1},\ x^{t+1})} \qquad (2-2)$$

进一步得到以 t 时期为基期 $t+1$ 时刻的全要素生产率：

$$M_I^{t,t+1}=M_I^{t,t+1}(x^t,x^{t+1},y^t,y^{t+1})=\left[\frac{D_I^t(y^t,x^t)}{D_I^t(y^{t+1},x^{t+1})}\cdot\frac{D_I^{t+1}(y^t,x^t)}{D_I^{t+1}(y^{t+1},x^{t+1})}\right]^{\frac{1}{2}}$$

$$(2-3)$$

在指标选择中，为方便讨论，本研究选取的投入与产出指标均为绝对指标，最终构建 2 个投入和 3 个产出的评价指标体系。其中，投入指标包括农业科研机构科技活动人员数量与科技活动支出；产出指标包括农业科研机构发表科技论文篇数、出版科技著作种类以及专利申请受理件数。所有指标数据均来源于农业部科技教育司 2005 年至 2015 年《全国农业科技统计资料汇编》，由于科技活动与一般生产性活动有一定区别，其投入到产出的转化需要经历较长的时间周期，当期投入不一定能转化为本期产出，因此，需要考虑投入与产出之间的滞后性。本研究将科技投入与科技产出之间的滞后期设置为 1，即科技投入的时间跨度为 2005 年至 2014 年，科技产出的时间跨度为 2006 年至 2015 年，所有投入产出变量的描述性统计见表 2-22。

表 2-22　变量描述

	极小值	极大值	均值	标准差
科技活动人员（人）	360	4 707	1 971. 155	935. 804
科技活动支出（千元）	21 794	3 158 481	379 920. 328	382 995. 909
发表科技论文（篇）	61	4 560	764. 103	572. 082
出版科技著作（种）	0	228	21. 674	25. 394
专利受理数（件）	0	962	93. 789	145. 171

进一步，对投入变量与产出变量之间的相关性进行检验，表 2-23 展示了 Pearson 检验结果，各投入与产出变量之间的相关性均在 1‰ 统计水平上显著，说明指标选取较为合适，保证了可信的农业科技投入产出效率测度结果的产生。

表 2-23　Pearson 检验结果

	科技活动人员（人）	科技活动支出（千元）
发表科技论文（篇）	0.758***	0.844***
出版科技著作（种）	0.585***	0.786***
专利受理数（件）	0.520***	0.866***

注：* 、** 、*** 分别代表在 10‰、5‰、1‰ 统计水平上显著。

2.3.4.2 曼奎斯特指数结果分析

运用 MaxDEA6.0 软件，计算我国 31 个省（市、区）2005—2015 年的曼奎斯特生产率指数，并借鉴 Zofio（2007）的分解方法，将全要素生产率分解为规模效率变化、规模技术变化、纯效率变化以及纯技术变化，其中技术效率变化由规模效率变化和纯效率变化组成，规模技术变化与纯技术变化构成技术变化（表 2-24）。

表 2-24 2005—2015 年 31 省（市、区）曼奎斯特指数及分解

省份	规模效率变化	规模技术变化	纯效率变化	纯技术变化	全要素生产率
上 海	1.018	1.015	1.040	1.094	1.176
北 京	1	0.892	1	1.164	1.038
安 徽	1	1.002	1.043	0.994	1.038
广 西	1.007	1.004	1.039	0.968	1.016
江 苏	1	0.914	1	1.112	1.016
海 南	1.050	0.941	1	1.026	1.014
广 东	1.029	0.941	0.974	1.065	1.004
浙 江	1.011	0.973	0.983	1.034	1.001
新 疆	1.004	0.994	1.016	0.988	1.001
山 东	0.991	0.960	1	1.050	0.998
四 川	0.997	1.012	1.002	0.973	0.984
云 南	1.015	0.982	1.015	0.972	0.983
贵 州	1.001	0.991	1.032	0.959	0.983
河 北	0.997	1	1.004	0.971	0.972
福 建	1	1.002	1	0.968	0.970
湖 北	1.002	0.981	1.045	0.942	0.969
天 津	0.945	0.994	1.006	1.023	0.967
山 西	1.007	0.977	1.009	0.956	0.949
黑龙江	0.994	1.016	0.968	0.960	0.939
西 藏	0.935	1.055	1	0.943	0.931
陕 西	0.991	1.058	1.022	0.865	0.928
吉 林	1.012	0.958	0.994	0.955	0.921
甘 肃	1.001	0.981	1	0.937	0.919
江 西	0.997	0.997	1.015	0.910	0.917

（续）

省份	规模效率变化	规模技术变化	纯效率变化	纯技术变化	全要素生产率
内蒙古	0.996	0.988	1.010	0.922	0.916
河　南	1	0.941	1	0.972	0.915
青　海	0.981	0.974	0.987	0.967	0.911
宁　夏	0.998	0.803	1	1.132	0.907
湖　南	0.995	0.990	0.988	0.926	0.901
辽　宁	0.994	0.996	0.960	0.945	0.899
重　庆	0.999	0.992	0.951	0.951	0.897
平均值	0.999	0.978	1.003	0.988	0.967

　　表 2-24 展示了 2005—2015 年各省全要素生产率变化及其分解结果，全要素平均增长率为-3.3%，说明近 10 年来全国农业科研机构全要素生产率有所下降，而其中技术效率变化并不显著，技术进步率的下降可能是导致全要素生产率下滑的主要因素。进一步关注新疆近 10 年的全要素生产率，可以发现新疆全要素生产率呈现了微弱的增长趋势，增长率为 0.1%，而这种增长主要来源于规模效率变化速度与纯效率变化速度的提高，相反，在总体增长的趋势下，规模技术变化与纯技术变化速度反而有所下降。由此说明，近 10 年新疆农业科研机构的规模经济性、要素利用率以及技术的使用效率是有所提高的，但原有的要素配置结构已无法满足技术进步的需要，甚至阻碍了技术的进步。其中纯效率变化增长最为明显，可能的原因在于经济发展与国家体制改革、政策倾斜等带来了农业科研机构生产率的提升，也可能来自新疆农业科研机构的管理水平上升或人员经验积累导致明显的效率提升；规模效率变化的小幅度提升可能来自新疆农业科研机构对科技活动的投入增长；而技术变化的负向变化说明技术前沿面在近 10 年中并未有所推进，规模技术变化小于 1 说明新疆农业科研机构对提高技术水平的投入不足。进一步说明 2005 年以来新疆农业科研机构产出效率在一定程度上的提高主要来源于政策支持、科技投入水平、人员经验、管理水平的提升，而由于新技术投入的不足以及技术水平没能得到提升，技术进步并未对这个全要素生产率的提高产生贡献，这可能是新疆农业科研机构近 10 年效率提升比较显著却未能拉动全要素生产率显著提升的重要原因。

　　图 2－22 更为直观地展示了 31 省（市、区）的曼奎斯特指数中技术效率变化和技术进步的贡献，除上海农业科研机构在技术效率和技术进步方面都有很高的提升速度外，北京、江苏、浙江、山东、天津和广东六省的技术变化贡献为正值，经济或农业的较高发展水平使更多新技术被开发和应用，是使技术进步带动全要素生产率增长速度提升的可能原因。西北地区各省技术变化速率均为负，并且在很大程度上制约了全要素生产率的增长，新疆农业科研机构虽然在西北地区各省中表现出了较高的技术效率变化水平以及技术进步速率低的负向变化，然而因为技术变化速率的负向拉动作用，使其全要素生产率未表现出明显的提升。

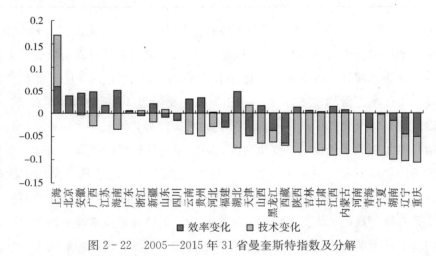

图 2－22　2005—2015 年 31 省曼奎斯特指数及分解

　　进一步对新疆农业科研机构近 10 年全要素生产率进行纵向比较，表 2－25 展示了 2005 年至 2015 年各年份新疆农业科研机构的曼奎斯特指数及其分解情况，并根据 Zofio（2007）的方法分解了全要素生产率。根据图 2－23 的结果可以发现，近 10 年以来，全要素生产率处于小幅度波动状态，2011—2012 年增长速率出现了大幅度提升。根据指数分解结果，2011—2012 年的全要素生产率的显著提升主要来源于纯效率的大幅度提高，同时规模效率的提升也起到了一定的拉动作用。纯效率的提高往往来源于管理水平、人员经验的提升，规模效率的提高可能来源于政策或体制机制改革带来的科技投入增加。结合图 2－7、图 2－10 可知，2011—2012 年新疆农业科研机构的科技活动经费与科研基建投资中政府资金都出现了显著的增长，说明政府对农业科技投入的明显增强是新疆农业科研机构技术效率提升带动全要素生产率增长的重要因素。

表 2 - 25　2005—2015 年新疆农业科研机构曼奎斯特指数及分解

年份	规模效率变化	规模技术变化	纯效率变化	纯技术变化	全要素生产率
2005—2006	1.014	0.997	0.864	1.041	0.908
2006—2007	1.028	1.017	1.354	0.952	1.348
2007—2008	0.895	1.107	1.008	0.980	0.980
2008—2009	0.913	1.088	0.944	0.866	0.811
2009—2010	1.040	0.999	0.892	1.078	0.999
2010—2011	0.976	0.957	0.633	1.121	0.663
2011—2012	1.207	0.817	2.141	0.760	1.605
2012—2013	0.955	1.012	0.791	1.164	0.890
2013—2014	1.036	0.979	1.187	0.922	1.111
2014—2015	1.006	0.994	0.923	1.067	0.986
2005—2015	1.004	0.994	1.016	0.988	1.001

2014—2015 年新疆农业科研机构全要素生产率增长速率为－1.4％，与近 10 年的平均水平相近，但其中技术进步与技术效率变化对全要素生产率的拉动作用开始趋于均衡，且变化幅度较小。总体而言，近 10 年新疆农业

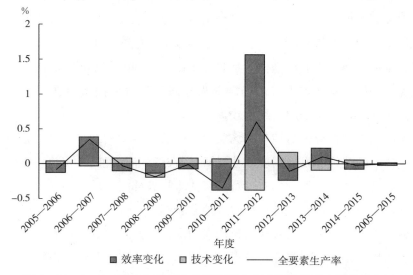

图 2 - 23　2005—2015 年新疆农业科研机构全要素生产率变化及其分解

科研机构的全要素生产率虽然呈现出速率为 0.1％的增长，但主要来源于技术效率的提高，技术进步反而起到了反向拉动作用，而技术效率的提升主要来源于政府对于科技活动支持力度的不断加大，以及科研人员素质及经验的提升。由于新技术开发与应用的不足，使得新疆农业科研机构的科技活动呈现出投入较高但产出增长缓慢的现状。

总体而言，农业科技研发在新疆得到了政府的极大支持，这为农业经营主体的农业新技术利用和生产方式转变提供了极佳的政策背景。与此同时，新疆地区农业新技术开发和应用不足的现状也较为凸显，虽然投入很大，但效率提升并不显著，而作为现阶段新技术推广和应用的重要载体，土地规模经营农户的科技需求显得尤为重要。

2.4 本章小结

本章内容一方面就我国农业科技体系的变迁与发展的历史进程进行了梳理，形成了如下认识：①我国农业科技体系的发展经历了中华人民共和国成立前的发展阶段、以计划经济体制为导向的发展阶段、以市场经济体制为导向的农业科技制度发展阶段以及 2007 年开始的创新型国家战略为导向的发展阶段。反映出政府对农业科技的性质和特点的认识在不断与时俱进，因而会根据不同发展时期的特点采取符合当时历史时期经济规律和农业科技自身发展规律的制度安排，使我国农业科技体制不断创新进步。②农业科技体制改革和发展说明，农业科学技术是服务于市场经济的，需要政府制定政策来实现宏观调控，这体现了以市场需求为导向和政府调控为辅助相结合的原则。③农业科技体系的层次结构较为复杂，一方面体现在它的研究工作要追求国家层面上的社会公益性与市场层面上的经济效益相结合。另一方面是农业科技体系的建设和发展需要农业科研院所、高等院校以及相关农业企业的合作与联合，通过一系列切实可行的形式来打破部门、单位的界限，将农业科研单位、教学机构和生产单位有效地联合起来。

另一方面则对新疆的农业科技研发情况进行分析，分别从农业科研机构投入和产出两个方面对农业科技现状、规律进行描述，并建立数据包络模型对新疆的农业科技全要素生产率进行测算，以进一步探讨现阶段新疆农业科技投入与产出是否有效率，主要得出以下结论：①在科技投入方面，不论资本投入还是人员投入，都体现出逐年上升的趋势，并且已实现了较高的投入水平。在资金方面，农业科研机构科技活动经费达 7.56 亿元，高于全国平均水平，基本建设完成额 5 673.4 万元，固定资产 8.53 亿元，均在西北地区处于领先地位，政府资金是科技活动资金的主要来源且逐年上升；在人员方面，2015 年新疆农业科研机构从事科技活动人员为 2 358 人，高于全国平均水平，且科研人员素质呈现逐年提高的趋势。②在科技产出方面。专利受理数呈现波动上升的趋势，并在 2015 年达到 271 件，略高于平均水平，但在西北五省（自治区）农业科研机构专利受理数中的占比明显下降。对于其他专利指标，虽然都处于上涨状态且高于全国平均水平，但增速不及西北五省（自治区）的总体水平。2015 年，新疆农业科研机构科技论文发表 847 篇，未及全国平均水平，科技著作出版数则与之相反，2015 年出版科技著作 39 种，显著高于全国平均水平。③自 2006—2015 年以来，新疆的农业科技全要素生产率略有增长，高于我国 31 省（市、区）平均全要素生产率变化水平，但生产率的增长主要来源于效率的变化，可能来自政府的支持力度增加以及人员素质的提高，技术进步对生产率变化起到负向拉动作用，说明新疆农业科研机构对新技术的开发和利用仍然不足。总体而言，由于新技术开发与应用的不足，表现出高科技投入，低技术进步的构成特征，使得新疆农业科研机构的科技活动呈现出投入较高但产出增长缓慢的现状。

第 3 章　农户农业科技需求及土地
规模经营现状分析

上一章就农业科技体系的变迁与新疆农业科技发展的总体情况进行了系统分析，明确了当前农业科技体系及服务机构所处的具体阶段、承担的责任和使命以及未来的发展方向，为后续的研究分析夯实基础。在此基础上，进一步明确农业经营主体的农业科技需求问题以及影响需求的因素等就成为研究关注的另一个重点，本章即通过对不同类型农户农业科技需求行为、新疆农业科技推广运行现状、新疆实施规模经营的措施、样本农户土地规模经营基本情况、新疆土地规模经营模式进行了综合分析，为进一步深入研究土地规模经营农户的农业科技需求问题做好铺垫。

3.1　农户的农业科技需求问题分析

3.1.1　不同时期农户农业科技需求及成因

3.1.1.1　改革开放初期农户的农业科技需求状况

在家庭联产承包责任制实行初期，相对落后的农业生产力水平制约了我国农业发展，需要通过农业技术创新来提升农业生产服务水平和提高农业生产效率，从而保障粮食需求供应。同时为了使工业在发展过程中保证拥有充足的原材料，此时的农业供给也表现为绝对数量上的匮乏（张改清、张建杰，2002）。为了满足广大人民群众的基本生活需要，还应该考虑到当前城乡居民收入水平下的农产品消费结构，与此对应的农业技术创新需要保证食品的低价格弹性和低收入弹性。因此，粮食、油料与棉花等大宗农产品作物的先进高产，农业科技在农民活动经验自主权的情况下大力增加了农产品供给。随着农业科技发展，农业生产力大幅提升农民收入和农业产量同时增加，进一步刺激了农民采用农业科技的积极性（范素芳，2006）。在这个时期，农业比较利益偏低，较工业品存在显著的"剪刀差"，但由于当时农民的其他就业机会较少，因此从事农业生产的代价较小，即机会成本较低，农民基本上继续务农，所以对农业科技的需求依旧存在。

3.1.1.2　现阶段农户的农业科技需求状况

随着改革开放，经济不断发展，居民收入水平不断提高。第一，消费者越来越多地追求高质量的农产品，高质量的农副产品供应不足，大量农产品难以销售，农业供应存在结构性过剩，只有符合消费者高品质追求的农产品，才能被消费者青睐。第二，提高农产品质量应成为农业技术创新的首要目标。要更好地满足农民的技术需求，促进农业经济增长方式的根本转变，一方面要推广农业增产技术，追求数量增长，另一方面还要提供优质、高效技术，实现农产品增值。

3.1.2　不同类型农业主体的农业科技需求及成因

随着农业市场化改革的不断深入，不同的农民在追求利润最大化这一目标的过程中受各自不同的个人期望和约束条件的影响，必然会导致生产行为的多样化和差异化。因此，与过去时期相比，位于不同地区、年龄层次与受教育层次存在异质性的农民对农业科技服务的需求存在较大差异。另外，多层次的需求越来越突出。目前，农户对农业科技的需求呈现一定的层次性。除了一般的技术指导和服务，农民还需要更高质量的新产品研发和农业气象等服务（石绍宾，2009）。

农业科技的主要需求可以分为农户和农业两大类，两者之间的主要不同在于农业生产组织方式不同：农民家庭成员作为管理者和生产者来组织家庭作业，实行个体经营和自我雇用。而农业企业则把经理和生产者分开，采用企业管理组织模式来实施社会就业。农业科技需求按照主体，可以分为农业企业和农民两类科技需求，因为两类需求在外部适应性存在异质性，加之两者本身有着不同的农业经营的性质、意识形态、财政能力和风险承受能力，使得需求内容、特点等存在很多差异（王骞，2012）。

3.1.2.1　普通农民的科技需求

农民是我国重要的农业生产基础单位之一。其农业科技需求具有以下特点：

第一，农民的农业科技需求程度取决于主体和地区。目前，我国农民对农业科技的总体需求很高，但学科间的差异更大。农民的特定需求强度与农民收入水平、受教育程度和年龄有着显著的关系。总体而言，农民收入水平高，接受教育的水平高，对农业科技的需求相对较强。此外，农业科技需求的强度与区域经济发展水平之间也存在一定的关系。在经济发达地区，农民对农业科技的需求普遍大于经济欠发达地区。

第二，科技需求分布比较分散，这种分散主要与我国农民生活的特点有关。因为中国是一个农业大国，农民数量多，分布广且分散，因此，对农业科技的需求也表现得相对分散。

第三，技术多样化的需要。随着市场经济的不断发展和农业市场化、产业化的不断完善，我国的农业产业结构也在不断优化和升级，农民参与农业生产的方式也在不断完善。生产实体的数量不断增加。在每种行业类型中，特定的产品类型也不断丰富。快速发展的情况表明，我国农业科技需求的多样化，是产业结构不断变化的结果。

第四，科技需求具有显著的区域性。主要表现在与当地主导产业关联上。这从另一方面也体现了农业科技成果的区域适用性特征。不同地区的农田自然环境和地理条件不同，农业科技成果又是受自然环境和地理条件所限制，所以不可能存在一种成果对所有地区都适用。即使它们被强加应用，也只会产生不同的结果。同时，不同方位的区域在农业的发展水平、自然与人文环境属性与特质上存在异质性。因此，上述这些因素都会引致农民对科技的需求具有明显的地域性特征，例如，人口众多、面积较小的地区一般需要能提高土地生产力的农业技术，而在人口较少的区域则需要更多的技术来提高劳动生产率。因此，农业技术推广必须依据因地制宜的原则来进行。

第五，接受高风险技术的意愿很弱。大多数农民不愿接受高收入但存在较高风险的技术项目，这表明受到文化传统、生活方式、教育水平和经济实力的影响，农民的科技需求相应也会受到影响。

第六，大多数农民依旧倾向于低成本、短周期地进行科技成果的更新。由于经济能力和经营规模有限，农户在技术选择上倾向于"短、平、快"，并希望可以采用较低的成本来更新技术，并且可以在一个较短期内获得投资回报，而且他们也需要尽可能多的投资或更长的时间。即使预期的回报更高，农民通常对获得该项目的回报也不会产生兴趣。

3.1.2.2　规模农户的农业科技需求

一般情况下，规模经营主体可分为专业大户、家庭农场、农民合作社三种类型（徐旭初，2014），也有学者根据经营者的类型，将其分为专业大户、家庭农场、农民合作社和农业企业四种类型（高传朋，2015）。下面以这四种类型的规模经营农户为例，分别介绍其农业科技需求行为：

（1）专业大户

专业大户是由普通农户发展而来的，专业大户能够开展一种及一种以上的农产品生产活动，具有相当的生产规模水平。一般来说，从全国范围来看，种植经济作物大户的土地规模普遍较大，在劳动力目前相对较少且成本较高的情况下，大户由于规模较大对农业科技的需求倾向于农用机械。本研究在王建华等（2015）对不同农业生产经营主体的科技需求演化研究的基础上，对专业农户的需求行为演进过程进行了适当改进（图3-1）。

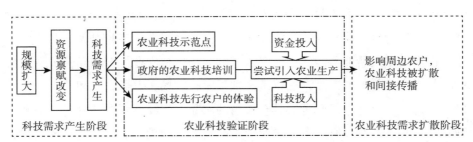

图3-1　专业大户的农业科技需求行为

资料来源：王建华等（2015）。

从图3-1可以看出，农业科技在专业生产大户间的传播主要依赖的是农户之间的互动和相互博弈过程，农户的科技需求产生过程相对较长，主要是通过认识和了解周边人群的试用反映或经验来形成，他们往往会选择相同或相类似的农业科技，从而集聚成特定的某种技术集群发展的空间演变趋势。

（2）家庭农场

家庭农场首先被界定为农业规模化经营的主体之一，是在党的十七届三中全会中确定的。家庭农场是指家庭成员作为从事农业产业化、集约化、规模化经营的主要参与者，是家庭收入的主要来源，是一种新型的农业经营方式。

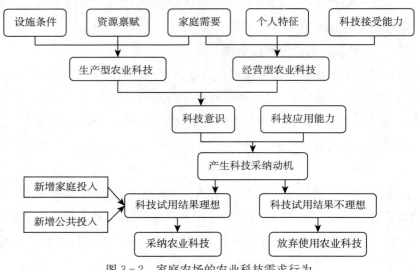

图 3 - 2　家庭农场的农业科技需求行为

资料来源：王建华等（2015）。

相比专业大户来说，家庭农场对农业科技的依赖性较高，如图 3 - 2 所示。因为：第一，大多数的家庭农场经营管理的范围和规模要大于普通农户，适合进行机械化和现代化作业操作，但劳动强度不应超过家庭劳动力和季节性雇用工人所能承担的。第二，家庭农场进行农业生产和经营的主要目的是提供商品化的农产品，这也是区别于家庭农场、普通农户和兼业农户等的重要特征。第三，经营者要具有较高的农业生产经营素质和管理方法来管理日常运营，以及具有一定的农业资本融资能力和投资能力，以及现代农业技术和设备的大规模使用和推广能力。只有这样才能最终实现农业生产经营效率的最大化。所以，家庭农场在采用一项新技术时往往首先会考虑其是否能提高产量质量、能否节省劳动用工、掌握新技术的难易程度、是否有相关部门的技术指导以及投入成本大小等因素。

（3）农民专业合作社

《中华人民共和国农民专业合作社法》从两个维度阐述了农民专业合作社的内涵和定义。首先，农民专业合作社是建立在家庭联产承包责任制的前提和基础上的，是同类农产品的生产经营者。或者作为资源与民主管理相结合、提供同类型农业生产经营服务、具有互助性质的经济组织；其次，从服务对象上来说，合作社的服务对象是合作社成员，它为社员集中购买农业生产资料，销售、加工或者贮藏农产品，提供生产经营配套的技术、信息等服务（崔传金，2012）。

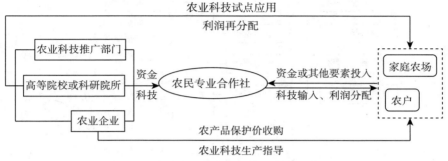

图 3-3　农民专业合作社的农业科技需求行为
资料来源：王建华等（2015）。

农民专业合作社在科技需求上与专业大户、普通家庭农户都存在显著差异。由图 3-3 可知，农民专业合作社作为一种有效的组织体系安排，最重要的特点是集中分散的个体家庭经营为统一行动的集体，从而发挥群体优势，优化现有科技信息资源在更大空间内的配置。既可以实现内部社员间信息资料的整合优化配置，还可以集中优化外部的农业信息咨询（梁辉，2013）。而且，参加专业合作社的农户不需要上市销售自己生产的农产品，相反，他们拥有固定的企业、机构甚至国家粮仓。因此，对于这样的农民，农产品进行加工和包装、存储和质量安全尤为重要（赵玉姝，2014）。

（4）农业企业的农业科技需求

农业企业是指通过生产经营种植业、林业、畜牧业、副业和渔业等活动，以期获得一定数量的产品，以利润为目标，并且实行独立经营、独立经济核算的法人经济组织（唐季，2015）。而且很多大型的农业企业还将资本、技术、人才等因素进行集成利用，促进农民进入市场，并通过多种利益联系机制有机地将农产品的生产、加工和销售结合起来，使其相互促进和发展。

因此，从图 3-4 可知，一方面，农业企业与农户关系紧密，农业企业不但自身在生产经营过程中完成科技需求演化，还会产生扩散作用，以此带动其他农户的科技使用，从而实现提效增收；另一方面，农业企业也需要通过产业化发展来提高产业效率，而且随着生存压力和竞争压力的增加，使得农业企业不得不进行技术创新，然后在此基础上开发产品，使自身变得更具

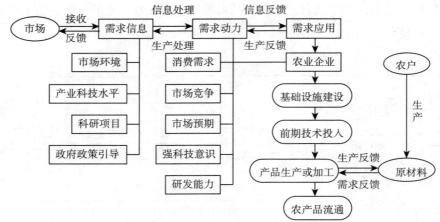

图 3-4 农业企业的农业科技需求

资料来源：王建华等（2015）。

规模化和高科技化，以此来提升自身的竞争实力，因此，作为发展支撑，农业企业需要科技，这种科技不仅是指特定的农业科技，还需要借助一系列的科技产业化来促进、转化及实现发展。作为重要组成部分，农业产业化离不开农业企业，而农业企业也需要借助科技力量来延长产业链、提升产品的附加值，相应地，就农业科技研发能力而言，在四大农业生产经营主体中农业企业能力最高。更重要的是，与其他传统农业主体不同，技术使用过程中农业企业需要直面市场竞争并承担相应风险（王建华等，2015）。

3.1.3　农户农业科技需求的特征

通过分析普通农户和规模农户的农业科技需求行为，可以得出农户农业科技需求行为的特征如下。

3.1.3.1　自给性与商品性生产行为

农民的生产行为可分为自给性生产和商品性生产两类。总的来说，大多数农户以维持生计为主，其进行农业生产的目的是为了满足家庭的日常生活和消费需求，仍然处于自给自足的自然经济状态，因此他们对农业科技需求的意愿不高；而进行商品性生产的农户，其主要目的是通过销售农产品来获取更多的经济利益，因此他们重视产量的增加、产品质量的提高，因而对农业科学技术的需求意愿更高（刘清娟，2012）。

3.1.3.2　经济目标与非经济目标

从上述两大类农户的生产活动中可以看出，家庭效用最大化和利润最大化是两类农户生产活动的基本动机和目标。虽然这两种生产行为都是追求经济目标，但它们本质上却是不同的：以实现效用最大化为目标的农民反映了更多的非经济目标，即以家庭生计安全为首，只需确保稳定，该类农民对农业科技的意愿较低；而以实现利润最大化为目标的农民则明确体现了经济目标，即追求高利润。为了在实际生产中获得更多的收入，这类农民通常会继续扩大生产规模，因此表现出更高的对农业科技的需求意愿。

3.1.3.3　理性行为与非理性行为

从生产行为的动机和目标来看，农户首先表现出的是理性行为，即追求效益最大化。为了实现这一目标，农户将积极学习先进的科学技术知识，选择适合自身情况的农业技术开展生产活动。但实际上，许多农户会受到自身环境和条件的制约，反而表现出非理性的一面，他们墨守成规，仍然使用传统的生产方法进行生产，致使农业生产的比较收益低下。

3.1.3.4　一致性行为和多样性行为

当某项农业技术首次进行推广的时候，农户的行为表现为多样性，即行为差异性显著：具有冒险精神的农户积极学习并试用，稳健型的农户处于观望阶段，保守型农户则表现为不闻不问，究其原因在于新技术的不确定性和风险性，此时，农户农业科技需求较低。当某项农业技术在推广过程中能带来一定的比较收益时，大多数农户会表现出对该技术较强的需求意愿，就连保守型农户也会随大流而采纳该项技术，此时农户的行为具有显著的一致性。因此，农户自身特征及外部因素均会对农户农业科技需求行为产生影响。

3.2　新疆农业科技推广现状分析

科技是第一生产力，农业科技是现代农业发展必不可少的支柱和要素，而农业科技推广则是连接技术与技术应用之间的重要桥梁和手段，建立有效的农业推广机制、掌握农业技术推广的合理方法，才能更好地进行农业技术推广，提高农业技术推广的效率。

1991 年，新疆提出并开始实施"科技兴新"战略，提出依靠科学技术和人力资本的提升来实现经济的健康快速发展，并把努力提高区内各族劳动者的素质作为"科技兴新"的五项基本任务之一。2005 年，昌吉州奇台县开始实施农业科技入户工程。2012 年 7 月，新疆启动并持续开展"自治区农业实用科技知识进村入户工程"，全面展开一系列农业科技推广服务活动。2016 年，中央财政专项支持新疆地区基层农业科技推广体系建设，形成中央和地方的双重作用，促进各部门协调发展，推动农业科技建设向前迈进。值得一提的是，专项经费达到了 6 100 万元。

3.2.1 农业科技推广模式

3.2.1.1 自治区以政府为主导的农业科技推广模式

从图 3-5 中可以看出，新疆的农业科技推广模式的运行有自己的特点，一般来说是行政手段占主导作用，开始是由农业科研院所和大学研究机构开发出新的技术，接着由政府通过四个层级的农业科研机构的层层传递作用，将技术传递下去，而农户作为这条技术传递链的终端，在不断接受新技术和使用新技术的过程中可以通过基层农业科技推广人员向上一级的科研机构提供反馈，然后科研机构进行再研究，再测试和反馈不断地循环，进而不断地提升农业技术。

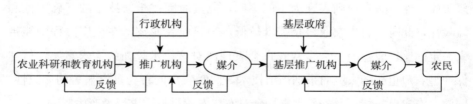

图 3-5　自治区以政府为主导的农业技术推广模式运行示意图

3.2.1.2 新疆生产建设兵团的农业科技推广模式

相比之下，新疆生产建设兵团的农业科技推广逐步形成了具有自己特色的完整模式：四级农业科技网，其中包括一级的新疆农垦科学院和兵团农技推广总站，二级的师农科所和师农技推广站，三级的团场农科试验站，四级的连队农业技术员和科技示范户（李霞、李万明，2012）。

如图 3-6 所示，第一级的新疆农垦科学院的任务是进行技术创新，兵团总部的农业科技推广总站的任务则是指导全兵团的农业科技工作并进行具体技术的推广。各部门农技推广中心和农业研究院主要负责技术推广和服务工作，如农技推广项目的管理、农业生产的技术服务以及各部门的技术咨询服务。具体任务包括提供技术培训服务及负责新品种、新产品的试验和推广等。团级的农业科学试验站（图中简称农业实验站）是兵团推广模式的重要环节，是科学技术知识转化为现实生产力的最前端，这一级有种子站、良种繁育站、气象站、试验站、植保站、测报站、土壤化验室等，各个站负责本团的科技推广（陈谦等，2001）。连队的技术人员经常待在乡村工作，在生产过程中努力向生产员工推广病虫害防治和田间管理等技术，以及推广统一耕作、统一种植、统一病虫害防治的新型栽培模式。在生产完成之后也为员工提供产品采收和销售服务。通过这样的方式，生产员工的需求信息可以通过连、团、师一直传递到农科院，上传下达和下传上接之间相互作用，通过上下级相互反馈、相互改进形成了良好的互动模式。这也是新疆生产建设兵团在农业科技发展和应用方面相对较新疆地方发展较快的原因。

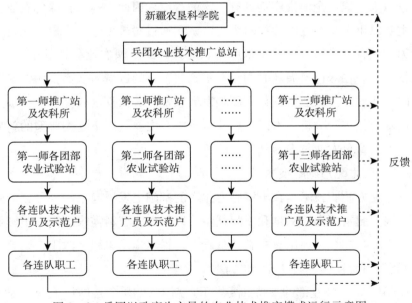

图 3-6　兵团以政府为主导的农业技术推广模式运行示意图

3.2.2　农业科技的推广应用现状

新疆自然地理环境特殊，风沙大、气候干燥、年降水量较少、生态环境恶劣，大部分区域完全不适合人类生存。但新疆独特的绿洲自然生态环境却为人们的生产和社会活动提供了生存和发展的空间，并对城市的形成和发展产生了深刻的影响。绿洲经济本身作为一种特殊的生态经济体系和特别的地域生产综合体，具有地域上的分散性、生态系统的封闭性、经济发展的资源导向性和生产部门的单一性等特点。由此可以得出，水资源成了制约新疆区域农业发展和地方产业发展的关键因素，要促进农业持续、长足的发展，就必须要保护环境或改良环境，保证现有绿洲的可持续发展，并在可能的情况下增加新的绿洲。因此，新疆的绿洲农业实质上属于生态农业的范畴，即需要依赖资源节约型、环境友好型的农业发展模式。

节水灌溉、耕种方式、肥料施用以及病虫草害的防治等技术，一直是近年来新疆农业科技推广活动中长期、陆续进行推广的新型生态型或绿色型项目及技术，目的在于促进、维护当地的农业和绿洲经济生态系统的发展。由于绿色农业的发展是建立在生态农业发展的基础之上的，并需要借助更高层次的技术来完成，全面推广仍具有一定的难度。因此，本书在绿色农业基础上，主要以生态友好型农业技术为主，试图通过对规模经营农户农业技术应用行为的调查，了解农户的技术应用状况，以此反映农业科技的推广效果，找出技术服务在绿色发展新时期涉及不到或不够的区域，从而指明技术服务的方向。此外，因农业机械化在新疆发展较快且普及程度较高，故不选用机械化技术为例进行分析。本研究后续章节内容主要就以下 9 类典型的新型生态友好型或绿色农业技术为例进行分析。

3.2.2.1 测土配方施肥技术

测土配方施肥技术是在土壤肥力化学的基础上发展起来的一种测量施肥技术。根据肥料的土壤测试和田间试验，以及作物肥料需求规律、土壤养分性能和肥效，在合理施用有机肥的基础上，提出施用氮肥、磷肥、钾肥及中微量元素等肥料的数量、时间和方法。

2005 年，在农业部的支持和要求下，新疆对 10 个县进行了测土配方技术示范，面积不低于 440 万亩。自 2005 年以来，新疆土壤肥料工作站实施了新疆测土配方施肥补贴项目。为稳定粮食产量，增加农民收入提供了有效保障。2016 年，新疆计划实施土壤测试和配方施肥 4 000 万亩，配方施肥面积 1 900 万亩，免费为 180 万农户供给测土配方施肥服务，使主要农作物肥料的投入使用增幅降至 0.2% 以下。同时积极开展农户与企业合作，探索并实施配制肥料、有机肥料、水溶肥料、缓释肥料等物化补贴的机制模式，优化肥料使用结构，引入物联网技术和电子商务平台，开展科学施肥服务。要求 7 个减肥示范县（市）中的每个乡至少配备 1 个土壤测试和配方施肥专家咨询系统，其他 6 个县（市）50% 以上的乡镇至少有 1 个测土配方施肥专家。非重点县（市）根据自身需要开展大田试验，推广化肥减量增效技术。总体而言，新疆已全面开展了测土配方施肥工作。

3.2.2.2 病虫害绿色防控技术

农作物病虫害绿色防控是在不破坏生态环境的情况下，使用一定量的化学农药防治病虫害，确保农业生产，农产品质量和农业生态环境安全。为减少化学农药的使用，应优先采用生态控制、生物控制和物理控制等环保技术措施，以达到控制作物害虫损害行为的目的（杨栋，2015）。

新疆以小麦条锈病、玉米螟、双斑萤叶甲、棉花枯黄萎病、小麦雪腐雪霉病、棉铃虫和草地螟等病虫害为重点防控对象。2006 年以来，新疆通过绿色防控示范区建设，开展宣传培训，进行绿色防控技术推广。2014 年绿色防控集成技术基本完成推广应用，比如，对于棉花生产中比较常见的棉铃虫，在防治过程中采用了绿色防控集成技术，如采用辅助农业措施、物理措施和生态调节，以达到防治虫害的目的。与 2004 年相比，2017 年的新疆农业生产过程中农药使用量呈下降趋势，农药使用"零增长"目标首次实现（马志燕，2014）。目前，全区累计建成 297 个绿色防控示范区，新技术、新产品试点示范推广 41 项。许多示范技术已经从单一技术发展到整合农业控制、物理控制和生物虫害控制为一体的配套技术。同时，加快了病虫害新型预防经营主体的培育，建立了专业服务机构 1 783 个，总防护能力达到 225 万亩次，专业化统防统治能力已经显著提高。

3.2.2.3 秸秆还田技术

秸秆还田即通过机械化手段将农作物秸秆粉碎后喷洒于地表还田，作用在于可以增加土壤肥力，促进土壤微生物菌群活力，还可减少化肥用量，改善和促进农田生态系统养分循环，实现作物持续稳产、高产。

新疆垦区属沙漠绿洲灌溉农区，在传统有机肥源短缺，绿肥发展受水源限制，农田养分主要以化肥为辅的情况下，秸秆还田的发展不仅能实现养分的良性循环，而且当前农田由于单一肥料造成的各种弊端也解决了。目前，返回新疆的秸秆主要是棉花秸秆、玉米秸秆和少量稻草秸秆（郑重等，2000）。20 世纪 80 年代中期，新疆生产建设兵团开始进行小麦秸秆还田试验后逐步推广到地方，并开发了一些经济实用的机械化秸秆还田机具，如卧式秸秆切碎还田机和立式秸秆切碎还田机，使得新疆秸秆还田数量和质量都有明显提高。目前，新疆已经实现了秸秆还田的机械化作业。新疆全区计划 2018 年还田面积达到 3 600 万亩以上，2019 年还田面积达到 3 800 万亩以上，预计 2020 年还田面积将达到 4 000 万亩以上。

3.2.2.4 沼气技术

1958 年，新疆开始试验、示范、推广沼气技术，同时开展技术推广员培训，先后向农户成功地推广了水压式沼气池、大中型沼气工程和畜禽场废物处理沼气池。1982 年，根据农业部颁布的《全国农村水压式沼气池标准图集》和"统一池设计，统一池结构，统一施工工艺"的"三统一"规范，修建圆、小、浅的沼气池，实行专业承包建池和管理制度，把施工池的质量与承包商的利益联系起来（张鑫，2010）。1984 年，沼气建设纳入新疆国民经济发展计划。伊宁、巩留、穆雷、七台、吉木萨尔等 18 个县（市）为新增推广市县。1990 年以后，新疆将沼气技术发展与农业生产紧密结合，突出生态综合效益，重点推广以沼气技术为核心内容的农村能源生态村模式，取得了显著的经济效益、生态效益和社会效益。沼气技术推动了新疆绿洲生态农业建设的全面发展（马跃峰，2003）。2000 年年初，沼气技术在关键技术瓶颈上有了历史性突破，因此也促进了原本点状分布的农村沼气应用大面积铺开。

为了降低沼气使用成本、实现沼气能源商品化，同时提高安全性和可靠性，从 2014 年起，新疆停止发展以农户家庭为单位的户用沼气，开始着重发展以村为单位的大中型沼气集中供气工程，即集规模化养殖、沼气生产、农家肥积造一体化发展模式。大中型沼气工程工艺水平提高，更加适合新疆气候特点，CSTR 全混发酵、双膜储气、系统化保温增温等先进技术已成为新疆沼气工程的主流工艺。据统计，2016 年新疆农村户用沼气池保有量 51.51 万座、大中型沼气工程 117 处、养殖小区和联户沼气工程 550 处。建立农村三级沼气服务站 3 480 个，服务沼气用户覆盖率可达 95%，沼气年生产总能力约 13 826.9 万立方米。农村沼气使广大农牧民告别了柴草、秸秆，实现炊事燃气化，成为改善农村人居住环境、提高农民生活质量和推动新农村建设的重要手段。

3.2.2.5　保护性耕作技术

保护性耕作，以前称为"免耕"，通常在国际上被定义为："种植大量残茬的作物，减少耕作，直到种子萌发。使用杀虫剂控制杂草和病虫害。"2002 年，保护性耕作不仅包括先进农业耕作，还包含免耕、少耕耕地与秸秆地表覆盖，及其他减少风力、雨水对土壤的侵蚀、提高土壤肥力和抗旱性的农业生产技术。保护性耕作与传统耕作方法不同，其主要内容是改善土壤结构，减少风和水的侵蚀，以及土壤肥力损失，尽最大努力对土壤进行防护，防止和缩减地层下的水源流失，最大程度利用水资源，增加劳动力和各种生产要素的使用效率，减少机械设备、能源和劳动力等要素投入的浪费，节约生产要素成本，在实现农业效益的同时，达成降低能耗和可持续发展的目的（吴红丹等，2007）。

由于保护性耕作技术解决了传统耕作、锄地、锄草、锄耕等精耕细作、机械入土次数多、成本高等问题，既节约了生产成本又保护了土地，同时又有利于经济效益和社会生态效益，已逐渐由小麦和玉米推广到红花、油葵、油菜等经济作物进行应用。同时，该技术也结合区情在新疆得到了创新，2017 年，新疆农机推广总站、西安亚澳农机公司等共同示范的"山旱地农机深松＋免耕播种技术模式"的小麦保护性耕作示范获得成功。

3.2.2.6　节水抗旱关键技术

节水抗旱技术有助于提高水资源利用率，有助于提升新疆农户防灾减灾应对能力，提升棉花、小麦等主要农作物产量。通常的农业节水技术有：利用工程进行节水、利用特殊生物来节水、研究和使用特殊农艺节水技术和在管理方面进行节水。但提高灌溉水利用率和作物水分利用率一直是研究重点。

工程节水在新疆发展较早，汉武帝时期水利技术向西传播入新疆后，对当地大规模水利事业的发展起到了一定的推动作用，尤其是对地表的河水、雪水或地下泉水进行引流灌溉等水利技术的应用，其抗旱功效突出（黄盛璋，1984）。同时，新疆也根据自身实际情况创造出一些颇具地方特色的新水利技术、水利减灾工程，如吐鲁番市的坎儿井就是利用地下水源解决了干旱土地的灌溉问题，且沿袭至今。目前，新疆正在大力推进大中型灌区节水改造，升级改造灌区节水设施，抓好常规节水建设和末级渠系维护和更新；农艺节水就是充分利用土壤水、培肥地力及水肥耦合技术、高效节水灌溉技术等来提升经济用水效率；生物节水与植物高效用水具有相同的意义，在改良选育抗旱品种之后，通过农作物旱作，实现农业稳产、增产与农民增收。

3.2.2.7　高效节水灌溉技术

与传统灌溉技术相比，高效节水灌溉技术具有节水、节肥、高产、高效的优势，转变农村生产经营方式和改善农业生态环境（苏荟，2013）。新疆地处我国干旱半干旱地区，气候干燥、蒸发量大，灌溉技术对农业发展能起到非常大的作用，高效率农业灌溉技术主要有滴灌技术和喷灌技术两种。

喷灌技术已有将近40年的实践，20世纪70年代末期，新疆就开始引进包括喷微灌和低压管道灌的高效节水灌溉技术，也是新疆北部地区主要推广的技术之一，这种技术在该地区的使用率也较高，主要应用在一般性的农作物种植中，如油菜、甜菜以及小麦等作物的种植上，尤其更适宜在地形复杂的山地和丘陵地带发展。但喷灌技术对番茄和棉花等作物的适应性较差，而且喷灌投入成本高，投入产出比低，农民接受程度差，最近几年使用喷灌技术的地区在逐渐减少。目前已知的还在使用喷灌技术的地区只有气候凉爽、湿度大的塔城盆地、伊犁河谷，其他地区都陆续开始采用滴灌设施。因此，新疆节水抗旱关键技术的发展主要基于滴灌技术（邹艳红、乔军，2011）。

滴灌技术有效解决了传统"漫灌"灌溉方式导致的水资源蒸发损失，同时还能够及时对作物种植土壤温湿度进行调控。自1996年以来，兵团第八师在大田棉花膜下进行滴灌试验并且成功后，滴灌技术不断发展创新，通过自主创新大幅度降低了滴管技术的建设成本（尹飞虎等，2010）。"十五"期间，新疆地方政府开始学习兵团的先进滴灌技术，推广以地膜下面滴灌为主要方法的田地高效灌溉方法，不断创新推广模式，制定既标准化又高效的节水灌溉装备安装和操作方法，这一措施为后来在新疆大部分地区大规模地推广这种方法奠定了基础。"十一五"期间，地方农业部门大力推广高效节水灌溉技术，在自治区采取了许多具体的推广措施，包括实施专项的资金补贴政策等，这些具体的、针对性强的政策充分地激发了农民的技术采用积极性，使大田滴灌工程的建设顺利进行，规模日益增长，估计每年建成面积达300万亩以上。

2016年，新疆重点发展农业节水灌溉，全年完成水利建设投资204亿元，创历史新高，新建高效节水灌溉面积和总面积分别达到266万亩和3 338万亩。2017年投资33.72亿元对灌区进行节水配套改造，从而保障农区综合生产能力，促进分散型农业生产向集约化生产转变，并成为推广农业新技术的基础平台。

3.2.2.8 高效农药喷施技术

农药在许多人的认识中是治理病虫草害的最方便、最经济的有效手段。但农药属于有毒物品，需要安全科学地使用农药，才能有效控制农作物病、虫、草、鼠危害，取得好收成。如果违反农药安全规定，不遵守规定，不仅不能控制农作物病虫害、草害和鼠害，还会影响农药施用人员和消费者的健康，同时也会污染农田的生态环境和人类自身的生存空间（魏宇钊，2005）。

目前，新疆农药使用和推广的新技术主要有风助喷雾技术、低量喷雾技术、药液直接注射喷雾技术、视觉喷雾技术等。除了上述技术外，又出现了药辊涂抹技术、丸粒化施药技术、植株根茎施药技术等新技术，可适用于不同的植保场合，都有利于提高农药的利用率（孙文峰等，2009）。特别是在农药喷施上，已经开始使用和推广农用无人机植保技术，它适宜于大田作物、高秆作物以及丘陵山区的植保喷洒，与传统的自走式植保机械或者背负式喷雾器相比，效率与效果都具有巨大优势。

3.2.2.9 抗灾减灾应变技术

新疆的抗灾减灾应变技术主要针对的是农业生产中的干旱、大风、低温冻害、冰雹、极端高温等极端天气。目前，新疆主要推广的防灾措施主要包括：农产品除害防损技术、选择具有抗旱性能的作物品种、水利减灾工程建设等。2018年，自治区提出的农业灾害趋势预测及应对措施具体就提到要加快各种灾害地面监测站网建设，完善自然灾害监测预报预警体系；多部门联动，强化灾害应对措施；构建防灾减灾长效机制。

3.3 土地规模经营现状分析

土地是农业生产的基本要素，土地规模受农业技术水平和各种其他生产要素的综合影响。当土地规模超过技术水平和其他各种生产要素配合的适当比例时，必然导致土地资源的浪费，使土地生产潜力得不到充分发挥。此时适当缩小土地规模将提高土地生产力，增加经济收入。当土地规模不符合农业技术等各种生产要素配合比例的要求时，势必不能充分发挥其他生产要素的潜力。这时，由于扩大土地管理规模能充分发挥其他要素的潜力，将带来一定程度的土地规模效益（文雄，2011）。

土地规模管理是农业发展的动力。发展土地适度规模经营，促进农业土地、劳动和资本等要素的优化配置，实现农业产业结构内部优化，促进不同地区农业集约化和基于生产力的工业化。这不仅解决了小土地浪费严重的问题，而且还解决了农业生产效率低的问题；促进大规模农业经营也有利于现代农民的培养，为中国农业的可持续发展奠定优秀的人才基础；发展适宜的规模经营农业也有利于农村社会的稳定。同时，适度规模的土地管理发展可以转移农业过剩劳动力，实现闲置劳动力向二三产业转移从而自主就业。对于农民来说，土地流转后一些农民可以从专业土地和大规模生产中获得更好的回报。另一部分农民也可以通过转让自己的土地获得稳定的收入，重新聘请土地经营者获得更多收入并帮助实现共同繁荣（高传朋，2015）。

3.3.1 中国土地规模经营现状分析

尽管有着丰富的耕地资源，我国作为拥有 14 亿多人口的传统农业大国，人均耕地资源拥有量却极为紧张，平均下来每人拥有耕地仅为世界平均水平的 30%，即 1.5 亩/人，农业生产以农民为主。2006 年全国农户户均耕地面积仅为 8.8 亩，较 1996 年 8.5 亩/户没有显著变化（刘强，2017）。从图 3-7可以看出 1998—2012 年农村居民家庭人均经营耕地面积虽然处于上升趋势，但是总数量变化并不大，没有超过 2.4 亩。总体而言，30 亩以下的农户占绝大多数，比例高达 97.5%，小农生产模式下的小规模经营在长期内依然是客观现实与基本特点。

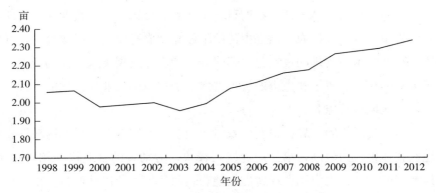

图 3 - 7　1998—2012 年农村居民家庭人均经营耕地面积

数据来源：《中国统计年鉴（1999—2013）》（由于 2013 年以后中国统计年鉴没有再对这个指标进行统计，但根据国家土地政策和一些研究成果显示，该数据变化不明显，因此基本不影响对人均耕地占有总量变化上升趋势的判断）。

3.3.1.1　土地规模经营的形成与发展

如果将我国的土地规模经营发展历程按时间序列划分，则基本上可以分为两个阶段。从第一阶段到 20 世纪 80 年代初，土地所有权和管理方式都发生了显著的变化，并且开始尝试规模经营。但是，土地流转在这一时期受到了严格限制，并且在 1982 年《中华人民共和国宪法》中也明确规定了土地不能被侵占、买卖、出租或以其他方式进行非法转让。土地规模经营在这个历史时期并不普及，发展相对缓慢。第二阶段从 20 世纪 80 年代初期到现在，改革开放以来，随着生产力和农村事业的不断发展，土地流转在党和政府的政策推动下得以发展推动，农村土地规模管理已逐渐发展。

3.3.1.2　土地规模经营的特点

（1）经营形式多样化

我国农村土地规模化经营虽然发展较为缓慢，但形式具体且多样化。以往的研究将我国农村土地规模经营模式大致分成契约型规模经营、土地密集型规模经营和市场激励型规模经营；从经营模式上可以分为"公司＋家庭农场""公司＋农业大户"和"家庭农场＋合作社"3 种类型；根据经营者的类型，可分为专业大户、家庭农场、农民专业合作社和农业企业 4 种类型（高传朋，2015）。

（2）经营主体多样化

目前除了农民以外，许多新的个人和机构开始参加农村土地规模化经营，其中包括从事个体经营活动的科技工作者、城镇人员、企业家、科研机构和外资单位等。我国农业已经由传统依赖化肥农药投入的粗放经营，开始向依靠科学技术与管理的集约化经营转变，为农业发展注入了新的活力，引进了大量的科技、资金和先进的管理技术，加快我国农业现代化的进程。

（3）区域性特点具有差异

土地流转的空间差异使得我国农村土地规模经营存在明显的区域性：东部地区整体生产力较高，第三产业发展较快，劳动者的就业机会相对较多，土地频繁流转。许多农民选择转出土地，转而从事农业以外的行业来获得更高的收入，东部地区相较于其他地区而言，规模化水平更高，形式更加多样化。中部地区自然资源丰富，资源禀赋较高，随着生产力水平的逐年提高，第二产业发展迅速，农民多选择在第一、第二产业之间进行就业，土地集中流转程度居于一般水平，农民专业合作社成为中部地区土地规模经营的一种常见形式。西部地区受地理条件的限制和自然条件的制约，第二、第三产业发展缓慢。西部地区人口密度低，自古以来农牧业占有一定优势，农牧民多数以从事农牧业生产活动为主，种植业与畜牧业也构成了家庭的主要收入来源。除少数外出务工人员外，农牧民多不轻易放弃承包地，因此在西部地区，土地主要是由专业农民使用。

（4）科技化水平低

近年来，虽然我国取得的农业科技成果相当丰富，但与已完成农业现代化发展的发达国家相比，差距仍然十分明显，农业科技水平仍然不高。这其中问题之一就是生产过程中的水资源灌溉效率低，化肥和农药的低效率使用导致其使用量的大幅增加，引发了诸多的安全隐患，严重威胁农产品质量安全；其次是农业科技人员储备不足；再次是农业科技转化率低，影响了农业科技成果的推广应用。

（5）受政策影响明显

中华人民共和国成立之后，我国农业得到了充分发展。每次成绩取得的背后都有一整套方针政策的正确引领。当政策的实施与生产力的发展水平相适应时，就可能会极大地调动农民的积极性，起到有效发展经济的促进作用。相反，如果政策不符合农业生产力发展实际情况，则会减少农业生产者的热情，对农业经济的发展产生阻碍作用。近年来，我国一系列鼓励农村土地大规模经营的政策出台，有力地促进了农村大规模土地生产经营的发展。在全面深化农村经济体制改革的现阶段，新的问题和新的形势对农业改革提出了新的审视。这就要求要用解放思想、实事求是的态度去制定与市场相结合的农业政策。

3.3.2　新疆土地规模经营现状

新疆作为位居中国西北部的一个农牧业大省，全区土地面积共166万平方千米，占全国国土总面积的1/6，其中农地有6 308万公顷，土地利用率为38.64%，耕地有412万公顷，人均耕地面积为0.18公顷，是全国人均耕地面积的2.1倍。新疆总体上属于温带大陆性气候，气温变化大，昼夜温差大，年平均日温差为11~15℃；阳光充沛，年平均日照有2 500~3 500小时；由于深居内陆，远离海洋，降水稀少，年平均降水量仅为150毫米左右，但区域内有许多内流河和湖泊、高山冰雪融水给予补给，水资源相对并不缺乏。独特的光、温、水条件成为新疆农作物生长的极佳条件，使其成为占中国一席之地的重要农业大区。无论是玉米、小麦和水稻等常见粮食作物，还是棉花、瓜果、蚕桑和甜菜等经济作物都已建成国内重要的生产基地，其中长绒棉与各种特色瓜果更是闻名中外，畅销海内外（公莉，2014）。

3.3.2.1　新疆土地规模经营的一般性分析

截至2019年年底，新疆总人口2 523.22万人，其中农业人口1 241.71万人（其中农业从业人员为595.95万人），占总人数的49.21%；总耕地面积524 229千公顷，包括21 097千公顷旱地，497 505千公顷水浇地；农林牧渔业总产值36 246 683万元，其中农业26 163 038万元，林业655 599万元；全区共有371个国有农林牧渔场，其中有238个国有农场。新疆全区农业机械总动力高达2 855.61万千瓦，其中农用小型拖拉机动力576.72万千瓦（388 510台），而大中型拖拉机动力达1 546.17万千瓦（378 069台）；农用排灌柴油机动力有17.90万千瓦（11 734台）。

近些年来，新疆积极贯彻落实国家有关政策，并且不断参考中东部地区农业发展经验，使得土地流转进程不断加快。2013年，新疆全区共有2 996平方千米家庭承包地，较上年增长34.60%，涉及流转农户18.9万户，较上年增长率为 15.90%。农民的法律意识增强，签订书面合同的习惯逐渐加强，在一定程度上保证了土地流转的顺利进行。分包、租赁、调换、转让、分享合作等土地流转方式均已尝试，呈现出多元化趋势。但是，新疆土地流转的规模、对象、方式和收益差距也越来越大。根据对新疆四个经济区调查数据的统计分析，土地流转规模和效益以及方法和对象存在明显区域差异，有自己的地区特色。而且，新疆的土地流转在南北边界的发展中也存在问题。新疆的土地流转主要集中在经济较发达的北部地区，昌吉和塔城地区的农田流通面积占新疆土地流转面积的 80% 左右。新疆东部和新疆南部的土地流转面积很小，如新疆北部，2015 年土地流转面积为 519 平方千米，占自治区总数的 94%，而南疆仅占 6%。土地流转主要采取分包、租赁和参股的形式。通过土地流转，建立了很多农民合作社或家庭农场。截至 2014 年年底，新疆已建立起农民专业合作社 16 683 个。随着经济的发展和集约化农业生产的需求，南疆和北疆将采取差异化的土地流转政策，未来自治区的土地流转将会越来越活跃。

3.3.2.2 新疆推行土地规模经营采取的措施

作为一个农业大省，新疆农民家庭总收入中很大比重来自农业生产经营活动，为实现农户家庭增收致富，政府也陆续出台了相关政策举措来促进辖区内土地流转，从而推动新疆农业开展适度规模经营。

一是推动农业机械化生产。根据地方财政实力与承受能力，新疆政府在农户购置农机方面给予财政补贴，从而减轻农户经济负担，并提倡种粮大户或普通农户集体购置农业机械设备，给予农民专业合作社和农业企业引进先进国外农机具的政策支持，政策向规模经营的大户或者生产组织倾斜，引导适度规模经营。

二是推广农业保险。农业生产面临自然风险和社会经济双重风险，为了增强农民抵御土地规模经营带来更高风险的能力，政府为土地规模达到 200 亩以上的农户免费购置办理农业保险。

三是加大农业科技支撑。政府鼓励建立大型农业企业牵头主导，农业专业合作社为辅助的农业科技发展格局，培育和改善农业品种，提高农业单产。此外，还派遣农技推广人员为规模经营农户与生产组织免费提高技能培训与生产指导。

四是实行激励举措。针对集中连片的耕地，政府提供交通和水利等基础设施建设支持，并对开展规模经营的农户家庭予以补贴支持。

3.3.2.3　新疆土地规模经营的主要模式

在长期的生产实践过程中，新疆逐步形成了多样化的土地规模经营模式，包括农业种植大户、家庭农场、农民专业合作社、农村土地股份合作社、公司化经营五种模式。以上模式多凭借土地流转实现对普通农户家庭细碎承包地的集中连片经营规模，并配套相应的农业生产活动，具体情况如表3-1所示。

表3-1　新疆土地规模经营实现方式及特点

实现方式	特　　点	地区分布
种植大户	种田能手租赁他人不愿耕种的耕地来扩大规模，发展早，规模大小不一，形式灵活	全疆范围，最普遍
家庭农场	农户自发流转土地，或者是在政府的引导和支持下产生的	全疆范围，发展虽快，但数量有限
农民专业合作社	合作社组织统一的农业生产	全疆范围，发展最快
土地股份合作社	农民将土地承包经营权入股合作制企业，依次从事农业生产，参与利益分配	处于探索和起步阶段，北疆发达地区较多
公司化经营	农产品加工企业租赁土地，实行一体化经营	发展于林果业主导地区

（1）种植大户

新疆最为普遍与重要的土地规模经营方式便是种植大户模式。大型种植户必须具备一定的农业生产经济实力和经验。他们必须将一定的租金转给土地转让人，对于土地面积，他们将执行大规模的经营，以获得规模经济。如果大型种植户进一步扩大规模和投资，他们可以发展成为家庭农场。一般而言，大型种植者倾向于种植大量作物。

大户种植的农业生产经营方式灵活。一方面，种植大户通过扩大土地规模，实现了产量增长和收入增长，实现了大规模经营带来的经济效益。另一方面，那些离开土地的人会得到一定数量的租金，剩余的劳动者可以通过外出工作赚取工资收入。大规模农户的种植规模扩大将增加对劳动力的需求。因此外雇农村劳动力将有助于解决一部分农民就业问题。例如，有些人也可能选择在农村转移就业，以赚取工资收入。然而，由于大型种植园受成本约束，导致就业人数相对较少，吸纳当地剩余劳动力的能力有限。另外，大型种植者知道土地是他们重要的生产资料，他们的土地保护意愿非常强烈。采取诸如退耕还草和种植防护林等措施来保护土壤肥力、防止沙漠化，采用节水灌溉技术和滴灌技术、肥料技术，节约水资源和化肥，具有一定的生态效益。

由于种植大户多从亲朋好友等熟人处转入土地，因此流转契约多为口头约定的形式，导致土地流转关系存在较大不确定性，存在个别种植大户采取粗放经营、透支土壤福利，从而获取合约期内经济利益最大化的短视行为，这些都是种植大户需要在以后发展中重点解决和完善的地方。

（2）家庭农场

家庭农场是新疆土地规模经营中较为普遍的模式，它主要是由农户家庭自发的土地流转行为而形成，也有一部分家庭农场得益于政府的支持引导而产生。截至 2021 年 3 月，新疆全区（不含兵团）纳入全国家庭农场名录的家庭农场数量已达 118 525 个。其中，种植业 87 400 个、畜牧业 26 464 个、种养结合 3 766 个、渔业 286 个、其他类 609 个，家庭农场正成为新疆农业高质量发展的一支重要力量。实践证明，家庭农场也是非常有效率的土地规模经营模式，其优势在于较低的监管成本。由于是家庭成员作为主要劳动力，成员个体利益目标与家庭整体利益相一致，因此经营者具有自发的积极性，避免了雇用劳工带来的劳动力监督问题。作为以家庭为单位的生产组织形式，农户家庭自主经营、自负盈亏，经营决策需要基于市场信息，安排农业生产活动，并面向市场开展产品销售。

作为现代化农业的重要组成部分，家庭农场是我国农村土地经营体制的一项重要创新，凭借科学制定与实施的农业生产计划、较为集约化的土地使用，实现了广大农民的就近就业并增加农民家庭收入，很大程度上提高了农业生产效益，对推动我国农业朝着现代化的方向发展起着极其重要的驱动作用。就目前来说，家庭农场的经营也存在一定不足，正规的家庭农场在组建过程中需到政府有关部门注册，但注册手续较为烦琐复杂，对于文化程度有限的农户来说存在一定的实施成本，因此在新疆，家庭农场整体数量还较为有限，因此本研究选取种植大户模式为主要分析对象。

（3）农民专业合作社

农民专业合作社在一定程度上连接了分散经营的小农户和大规模的农产品市场，增强了农民抵御市场风险的能力，强化了农户集体的市场竞争力，合作社的存在也有助于农户实现融资贷款，统一指导生产有助于降低农资采购成本、推广采纳新品种、新技术（郭艳芹等，2009）。新疆自 2006 年以来，便把农民专业合作社发展作为抓手，以期增强新疆农民的组织化程度与农副产品的市场竞争力，实现农民的增收致富与农牧业的现代化。新疆各级政府将《中华人民共和国农民专业合作社法》作为行动指南，并配套完善相关的法律法规，并不断加大财政扶持力度。据统计，2014 年新疆（不含兵团）共有 582 个农民专业合作社获得累计 1.04 亿元各类财政扶持资金。在政府支持下，发展壮大的合作社组织不断带动更多农民发家致富，合作社与农民、企业开展日益密切、不同层次、不同形式的生产合作，合作社创办主体也日益多元化，增收增产的作用不断增强（田聪华等，2017）。

据新疆维吾尔自治区农业农村厅统计，新疆的农民专业合作社从 2008 年的 1 072 家增加至 2019 年年底的 26 424 家。其中，2010 年至 2019 年，新疆农民专业合作社年均增加 2 000 余家，平均每个村每年增加两至三家合作社，其间以 2009 年和 2010 年增幅较大。其中有 10.60％的合作社被政府有关部门认定为示范社，共吸纳就业 567 249 人，其中普通农户占绝大多数，达 84.50％，而专业大户与家庭农场成员占 1.5％，有 8 530 人，企业成员和其他团体成员则占 1.00％。在数量快速增长的同时，合作社发展也开始由数量向质量转变，由松散联合向实体化转变，由合作社自身发展向与团场大公司联合协作转变。2019 年新疆农民专业合作社成员平均可分配盈余 1 168 元，普遍比生产同类产品的农户增收 20％以上。合作社涵盖的领域也从传统种植养殖不断向外拓展，逐渐形成粮棉油生产、农机、植保、民间工艺、旅游休闲农业、电子商务等多元业态发展格局，呈现出"合作社＋"发展态势。

（4）农村土地股份合作社

农村土地股份合作社，是指农户以"农村土地经营权"折价入股，并自愿联合成合作社，统一开展农业合作生产经营的组织形式（林乐芬、顾庆康，2015）。它最早出现于 20 世纪 90 年代，从最开始的南海试点到逐步在江浙沿海地区农村推广，是我国农村土地流转改革进程中的一项重要创新产物。合作社定期按照农户土地折算的股权分红，通过农户间的联合，有利于剩余劳动力从土地生产向工业、服务业转移，并催生了职业农民、农业合作社与农业社会化服务等新生事物的萌芽发展，也促进了农村土地流转与集约化经营，从而推动传统农业向现代农业的转型升级。2014 年中央出台的《关于引导农村土地经营权有序流转发展农业适度规模经营的意见》也明确了农户土地入股的具体操作规范与细则，2015 年年底国务院出台的《深化农村改革综合性实施方案》，更是指出我国要加强农民专业合作社与土地股份合作社两种规模经营模式的规范化建设。

就新疆而言，其农村土地股份合作社的数量并不多，主要以集中在北疆地区的新疆荣信土地股份合作社、昌吉绿洲农村土地股份合作社等有代表性的农村土地股份合作社为主。值得一提的是，农村土地股份合作社在利润分配上存在一定局限，农户在以土地入股后，对合作社的经营管理参与有限，在缺乏有效的监管情况下，加之信息不对称，合作社容易被身为管理者的"精英"把持，从而做出一些有损广大股东利益的"寻租"行为，侵占小股东红利。

（5）公司化经营模式

公司化主要是指在考虑上游原料供应渠道稳定的基础上，从事农产品加工的企业，其借由土地入股或者土地流转形式集中农户手中分散的土地实行规模化农业生产，从而保证自身生产所需农产品品种，并降低原材料生产成本。农业企业凭借较为充沛的资金，基于农户较为实惠的土地入股分红或者流转租金，从而获得生产所需的土地规模，加之其拥有的技术与人才，企业也能够捕捉市场资讯，基于市场前景调整农产品的品种结构，甚至开发选育特定品种，而农业企业本身具备一定水平的农产品加工技术、设施装备与产品销售渠道，因此占据了种植、加工、销售各环节的诸多优势。

许多专家对农业企业管理模式提出了不同的看法。目前普遍认为农业企业管理模式是在市场经济体制下促进农业发展的新模式，介绍现代企业在农业生产中的经营方式，通过机械化、集约化和大规模的农业生产经营活动整合土地资源。扩大农业生产规模，提高土地边际收益。因此，农业公司型经营模式可以提高劳动生产率，降低农业生产成本，突破农业家族经营模式的局限性，提高农民收入水平（燕鹏，2014）。

近年来，快速增长是新疆农业企业表现出来的显著特征，例如新疆田源生态农业有限公司、新疆三瑞农业科技有限公司、塔里木农业综合开发有限公司等资金雄厚、规模巨大并享有较高知名度的农业龙头公司企业，带动了周边大批的农户就业与增收。但总体来说，数量相对较少，因此，本研究在探讨土地规模经营农户的农业科技行为时不对农业公司进行讨论。

3.3.3　样本农户土地规模经营基本情况

本研究的研究范围主要界定为新疆地区（不包含新疆生产建设兵团），主要辖 2 个地级市、7 个地区、5 个自治州，11 个市辖区、21 个县级市、62 个县、6 个自治县、857 个乡镇。

本研究所采用的微观数据来源于课题组于 2016 年对新疆进行实地抽样调查和访谈所得。为了增加研究结论的严谨性，基于样本代表性与区域覆盖性考虑，抽样调查尽可能在现有条件下做到随机性与代表性。在 857 个乡镇调研过程中累计发放问卷 1 100 余份，剔除信息缺失与信息失真样本后得到 943 份有效样本。被调查内容包括农户个人基本特征、家庭基本情况、农民收益状况、兼业情况、参加技术培训或训练情况等。本研究实证分析的数据均来源于调查结果整理所得，如表 3-2 所示。

表 3-2　样本基本特征描述

变量	选项	样本量（户）	百分比（%）	变量	选项	样本量（户）	百分比（%）
性别	男	751	79.6	受教育水平	识字很少	121	12.8
	女	192	20.4		小学	231	24.5
年龄	30 岁以下	49	5.2		初中	410	43.5
	31～40 岁	163	17.3		高中（中专）	107	11.3
	41～50 岁	583	61.8		大专及以上	74	7.9
	51 岁以上	148	15.7	是否兼业	无	377	无
家庭总收入（元）	50 000 及以下	306	32.4		有	566	有
	50 001～100 000	243	25.8	参加技术培训或指导的次数	1 次以下	527	55.9
	100 001～150 000	236	25.1		1～2 次	229	24.3
	150 001～300 000	118	12.5		3 次及以上	187	19.8
	300 001 及以上	40	4.2	是否参加专业合作社	是	120	12.7
					否	823	87.3

资料来源：根据调研数据整理所得。

本次调查共涉及农户家庭 943 户共计 2 829 人，其中有 2 278 人是劳动力，最小的 19 岁，最年长的 80 岁，家庭成员的数量最少的 1 人，最多的可以达到 12 人，但是以 2～4 人居多。

从 943 份有效样本可知，截至 2016 年 9 月，样本家庭的户均耕地规模为 74.18 亩，考虑到研究对象为规模经营农户，所以 20 亩以下的农户忽略不计，其中 20～50 亩的农户有 264 户，占 28％；51～80 亩农户有 208 户，占 21％；81～100 亩农户有 227 户，占 23％；101～150 亩的农户有 139 户，占 14.7％；超过 151 亩的农户有 105 户，占 11.1％（表 3-3）。其中，生产建设兵团比地方农户的土地集中度更高。

表 3-3　样本农户土地规模结构表

耕地面积（亩）	户数	占样本数比例（％）	耕地面积（亩）	户数	占样本数比例（％）
20	30	3.2	81～90	93	9.9
21～30	53	5.6	91～100	136	14.4
31～40	105	11.1	101～150	139	14.7
41～50	76	8.1	151～200	77	8.2
51～60	66	7	201～300	12	1.3
61～70	54	5.7	≥301	16	1.7
71～80	86	9.1			

资料来源：根据调研数据整理所得。

总体来说，新疆规模经营总体素质相对较高，主要表现有：第一，经营者相对年轻。据统计，大多数经营者的年龄介于 41 岁到 50 岁，占总体的 61.8％，而超过 60 岁以上的经营者仅占了有效样本总量的 6.5％。第二，从业者大多具备较为丰富的生产经营经验。据统计，有 5 年以上从事农业生产经营经历的样本占 96.1％，其中从事农业生产经营在 20 年以上的占 53.9％，这充分说明了新疆是一个农业大省。第三，经营素质相对较高，有 62.7％的经营者有初中学历，其中接受过大专及以上教育的农户占到 7.9％，而且接受过相关的农业技能培训指导的农户占有较高比例。

3.4　本章小结

本章节分别从农业科技推广、农户科技需求和土地规模化经营现状等微观方面进行了分析描述，主要获得以下几个方面的研究结论：

（1）从农户农业科技需求的行为动机来看，农民采用新科技在理论上存在一个均衡点，这个均衡点是当学习和采用新科技所花费的边际成本恰好等于使用该项新技术所能带来的边际收益。而学习采用新科技的成本又与农户的自身素质、农户家庭特征、农技推广组织及市场服务体系相关，这些成本包括学习和使用新技术过程中所耗费的直接成本、学习和使用新技术所放弃的机会成本以及市场过程中的交易成本等；从农户农业科技需求的经济机理来看，农户的农业科技需求行为还受到农业经营比较利益、农业技术外部性、农户对待风险的态度、农业生产的不确定性以及农业技术信息的制约等方面的约束。与此同时，农户的农业科技需求行为也会随着时代的发展发生改变，并受到相应体制、政策的影响。

（2）从农业科技推广现状来看，新疆地方的农业科技推广体制仍然以政府为主导，相比新疆生产建设兵团的四级农业科技推广体制来说有待进一步完善。然后以 9 类农业生产环节中的具体农业技术为例进行推广历程分析说明。

（3）从新疆的土地规模经营发展情况来看：一是土地规模化的进程在加快。新疆通过提高农业机械化水平、健全农业保险政策、加快农业科技推广等政策和措施大力推进土地规模化进程。二是新疆规模经营者农业科技需求和总体素质相对较高。规模农户的年龄相对年轻，大多数经营者的年龄在 30～50 岁之间，占样本总体的 77.7%；从事农业生产经营经验较为丰富。据统计，有 5 年以上农业生产经营经历的农户占 96.1%，其中农业生产经营在 20 年以上的占 53.9%；经营素质较高，有 62.7% 的经营者上过初中，其中 7.9% 的农户具有大专及以上学历。同时，接受过相关的农业技能培训或者经营指导的农户达到 44.1% 以上。三是新疆农村土地规模经营具备多样化的模式，主要有种植大户、家庭农场、农民专业合作社、农村土地股份合作社和公司化经营等五种。种植大户模式在新疆各地土地规模经营模式中较为普遍。

第4章 土地规模经营农户农业 科技需求意愿分析

需求意愿决定了个体的行为意向，进而有可能转化为实际的科技采纳行为。本章节结合实地调查数据和实际访谈情况所得资料，在梳理回顾农业科技需求影响因素的基础上，结合新疆农业自身的禀赋特征，确定最终的解释变量，运用描述性统计方法以及借助技术接受模型方法分析了规模经营主体对农业科技的利用意愿，并对其影响因素进行探讨。

4.1 数据来源与样本基本特征

4.1.1 数据来源

本章以及后续章节所用的农户微观数据均来源于"农户农业科技采纳与应用"课题组于2016年先后在新疆南北疆各地区的实地调研和采访。选取样本的标准是：根据项目研究内容，考量地区发展程度、农业种植技术推广情况、样本数量等因素，最后选择了乌鲁木齐市、吐鲁番市、哈密市、昌吉回族自治州、伊犁哈萨克自治州、塔城地区、阿勒泰地区、巴音郭楞蒙古自治州、博尔塔拉蒙古自治州、阿克苏地区、喀什地区、和田地区、石河子市以及阿拉尔市等14个地区为典型调查地区，每个地区分别选择3个或者4个具有代表性的村庄，用随机抽样的方式选择大约20户农户进行调研。针对包括农户家庭以及个人的基本情况、种植规模、盈利情况、农户关于新型农业技术的需求、农户对作物新品种的认知情况、农户对新农药和新肥料的认识等在内的内容进行了调研。共计收集问卷1 100份，根据研究目的，本研究在具体分析中将样本限定于耕地面积和农业技术需求范围内，在进一步检验问卷有效性并剔除无效问卷后，最后获得943份有效样本。

因此，实际调研根据生态友好型农业发展的特征，围绕新疆农业发展现状，以提高农业生产过程中的资源利用效率和环境保护力度为目标，主要以第3章中介绍的9种具体技术为主要研究对象展开访谈和调研。

4.1.2　样本基本特征

依据调研结果发现，受访农户的户均耕地数是74亩，耕地面积最大的农户拥有400亩耕地。由于现有的研究成果对于耕地规模没有严格的划分，本研究考量样本的产品特性、经营情况、分布情况，一方面根据不同耕地规模将受访农户分为三个组：一是土地规模为50亩及以下，为小规模组，共计264户占样本总数的27.9%；二是土地规模为51～100亩，为中等规模组，共计435户占样本总数的46.2%；三是土地规模为101亩及以上，为较大规模组，共计244户占样本总数的25.9%。另一方面，按照新疆地域特征将样本组划分为2个组别：一是北疆地区，525户占样本总数的55.7%；二是南疆地区，418户占样本总数的44.3%。具体情况如表4-1、表4-2所示：

表4-1　不同规模样本农户基本统计特征

指　　标		全体样本农户（人）	百分比（%）	小规模经营农户（人）	百分比（%）	中等规模经营农户（人）	百分比（%）	大规模经营农户（人）	百分比（%）
性别	男	751	79.6	219	83	341	78.4	191	78.3
	女	192	20.1	45	17	94	21.6	53	21.7
年龄	30岁及以下	49	5.2	20	7.6	13	3	16	6.6
	31～40岁	163	17.3	74	28.4	64	14.7	25	10.2
	41～50岁	583	61.8	136	51.5	290	66.7	157	64.3
	51岁及以上	148	15.7	34	12.6	68	15.6	46	18.9
文化程度	识字很少	121	12.8	14	5.3	50	11.5	57	23.3
	小学	231	24.5	49	18.6	128	29.4	54	22.1
	初中	410	43.5	138	52.3	173	39.8	99	40.6
	高中（中专）	107	11.3	50	18.9	41	9.4	16	6.6
	大专及以上	74	7.9	13	4.9	43	9.9	18	7.4

（续）

指　　标		全体样本农户（人）	百分比（%）	小规模经营农户（人）	百分比（%）	中等规模经营农户（人）	百分比（%）	大规模经营农户（人）	百分比（%）
家庭总收入（元）	50 000 及以下	306	32.4	186	70.5	62	14.3	58	23.8
	50 001～100 000	243	25.8	57	21.6	143	32.8	43	17.6
	100 001～150 000	236	25.1	9	3.4	149	34.2	78	32
	150 001～300 000	118	12.5	12	4.5	73	16.8	33	13.5
	300 001 及以上	40	4.2	0	0	8	1.9	32	13.1
家庭劳动力人数（人）	1 人及以下	49	5.2	21	8	19	4.4	9	3.7
	2 人	570	60.4	164	62.1	259	59.5	147	60.2
	3 人	241	25.6	53	20.1	117	26.9	71	29.1
	4 人	56	5.9	19	7.2	20	4.6	17	7
	5 人及以上	27	2.9	7	2.6	20	4.6	0	0
有无兼业	无	377	40	95	36	177	40.7	105	43
	有	566	60	169	64	258	59.3	139	57

表 4－2　不同区域样本农户基本统计特征

相关指标		全体样本农户（人）	百分比（%）	南疆地区农户（人）	百分比（%）	北疆地区农户（人）	百分比（%）
性别	男	751	79.6	337	80.6	416	79.2
	女	192	20.1	81	19.4	109	20.8
年龄	30 岁及以下	49	5.2	34	8.1	15	2.9
	31～40 岁	163	17.2	66	15.8	97	18.5
	41～50 岁	583	61.7	240	57.4	343	65.3
	51 岁及以上	148	15.9	78	18.7	70	13.3
文化程度	识字很少	121	12.8	44	10.5	77	14.7
	小学	231	24.5	110	26.3	121	23
	初中	410	43.5	174	41.6	236	45
	高中（中专）	107	11.3	59	14.1	48	9.1
	大专及以上	74	7.9	31	7.5	43	8.2

（续）

	相关指标	全体样本农户（人）	百分比（%）	南疆地区农户（人）	百分比（%）	北疆地区农户（人）	百分比（%）
家庭总收入（元）	50 000 及以下	306	32.4	165	39.5	141	26.9
	50 001~100 000	243	25.8	107	25.6	136	25.9
	100 001~150 000	236	25	88	21.1	148	28.2
	150 001~300 000	118	12.5	44	10.5	74	14.1
	300 001 及以上	40	4.3	14	3.3	26	4.9
家庭劳动力人数（人）	1 人及以下	49	5.2	23	5.5	26	5
	2 人	570	60.4	282	67.5	288	54.8
	3 人	241	25.6	82	19.6	159	30.3
	4 人	56	5.9	23	5.5	33	6.3
	5 人及以上	27	2.9	8	1.9	19	3.6
有无兼业	无	377	40	184	44	193	36.8
	有	566	60	234	56	332	63.2

表 4-1、表 4-2 及有关结果表明，受访地区的劳动人口大多数是年龄处在 40 岁至 50 岁之间的男性，受教育程度大部分是初中及以下，由此可以看出农村劳动力普遍年纪较大并且受教育程度不高；家庭收入大多为 50 000~150 000 元，有 58.2% 的样本农户的家庭总收入在 10 万元以下；家庭劳动力居于 2~3 人之间；兼业化程度最低为 60%，可以说明在家庭总收入中非农业收入所占的比重较大，但在土地规模扩大的过程中，兼业人员的数量在减少，说明非农收入比重有所下降，而农业收入的比重在逐渐增加。而且从调研情况来看，农户参加农业技术培训的次数相对较少，参加专业合作社的比例也相对较低。最后可以得出，样本农户符合我国农户特别是新疆地区农户的基本特征，具有一定的代表意义。

4.2　不同类型规模农户对农业技术的需求意愿分析

资源节约型和环境友好型的农业发展模式是高效、集约的农业生产方式，这是我国农业转型升级、实现可持续发展的必由之路（刘占平，2012）。

新疆农业属于典型的绿洲农业，绿洲农业作为一种典型的集约化经营的生态农业，它必须遵循生态学原理和生态经济学规律，运用现代农业科学技术和系统工程方法，保护和改善干旱荒漠地区农业生态环境，并将农业生态系统同农业经济系统统一起来，以取得最大的生态经济效益。

近年来，新疆的经济取得了良好发展，经济结构逐渐趋于合理，产业结构由原来的"一、二、三"模式逐渐转变为"二、三、一"模式，但是资源以及环境方面相对于发展状况仍然未取得较理想的成绩。没有良好的生态环境，农业发展就会失去依托和基础，就不可能实现可持续发展。为了使新疆的绿洲经济得到更加优质的发展，因此，在促进经济发展的同时，更要注重资源利用效率的提高。只有建立起可持续的生产行为，进而提高资源的利用效率，整个绿洲经济才能走向良性可持续发展。接下来，本书将以生态友好型农业及其技术，对规模农户的农业技术需求意愿进行分析：

表4-3 不同土地规模经营农户对生态友好型农业技术的需求意愿

有无需求意愿	全体样本农户		小规模农户		中等规模农户		较大规模农户	
	有	无	有	无	有	无	有	无
户数（人）	739	204	202	62	363	72	174	70
百分比（%）	78.4	21.6	76.5	23.5	83.4	16.6	71.3	28.7

如表4-3所示，从不同土地规模分组下的农户对生态友好型农业技术需求意愿情况可以看出，不同土地规模类型下的农户对农业技术的需求意愿有明显差异：中等规模组农户的技术需求意愿最高，为83.4%；小规模农户组的技术需求为76.5%，居于第二位；较大规模组农户的需求意愿相对较低，为71.3%。其中，中等规模农户的需求意愿高于全部样本农户的78.4%的比例。也就是说，在新疆，随着土地规模的逐渐扩大，农户对农业技术的需求反而有所降低。说明土地规模扩大到一定程度可能会对较大规模农户造成一定的负担和影响，而对于中等规模农户来说，他们对农业和土地的依赖程度要高于小规模农户，因此，他们更关心的是当前农业的生产和经营活动，以及代表未来农业发展方向的新农业技术。根据调研的结果发现，拥有较大耕地规模的农户会更大概率采用机械进行生产，农业种植的基础设施和雇用劳动力的成本都会高于中小耕地规模的农户。

表 4 - 4 反映了南北疆农户对生态友好型农业技术需求意愿情况。可以看出，不同区域的农户对技术的需求意愿有差异：北疆农户的技术需求意愿较高，为 78.5%；南疆农户的技术需求意愿相对较低，为 78.2%。究其原因，与南北疆的地理条件和经济发展水平不均衡有关，不论是地理位置、交通条件、自然条件、经济发展水平以及农业生产条件等，北疆地区均优于南疆地区。因此，北疆的农户拥有更加便利的环境和良好条件增进对农业科技的认知，其了解程度、技术购买和使用能力相对地均高于南疆农户。实地调查中也发现，北疆农户对农业基础设施和土地的投入成本均低于南疆农户。

表 4 - 4　不同区域农户对生态友好型农业技术的需求意愿

有无需求意愿	全体样本农户		南疆农户		北疆农户	
	有	无	有	无	有	无
户数（人）	739	204	327	91	412	113
百分比（%）	78.4	21.6	78.2	21.8	78.5	21.5

4.2.1　理论框架、变量设置与模型选择

4.2.1.1　理论框架

TAM 模型旨在运用理性行为理论，对影响农户接受技术的决定性因素做出解释说明，并预测人们对技术的接受程度。同时该模型认为，感知有用性和感知易用性是主要决定因素，外部因素对使用者的内部信念、态度及意向产生影响，两者进而影响技术使用的情况和行为意图。

农户对某种技术认识、了解之后，综合自身因素，有条件、有目的地将其运用于农业种植实践中。因此农户农业科技需求是一个动态的、多种因素相互交织的动态过程（刘然，2013）。技术实施能力、技术购买意愿和技术购买能力是构成农户技术需求的三个重要因素，三者的相互协调保障农户技术需求的实现。根据生态友好型农业技术的要求，结合相关理论和实地调查结果，选取个人特征、家庭特征、感知易用性、感知可能性、感知获利性五个因素作为影响农户农业技术需求的待检因素。

（1）个体特征

①性别。一方面，Doss（2001）在调查中说明，农业生产过程中的土

地经营规模、劳动力投入与农技推广等都存在性别差异，而且性别因素也会进一步影响农户科技选择与需求表达。另一方面，农户在农业技术选择倾向上也存在性别差异。所以有必要在模型中纳入性别因素，从而控制性别因素导致的技术需求意愿差异。

②年龄。不同年龄的个体往往在文化水平、身体和心理等各方面存在一定差异（何可，2014）。有研究表明，农户家庭的户主年龄越高，其采纳新技术的概率相应越低（高启杰，2000）。年纪较小的农民接受新事物的能力更强，所以有更大概率接受新技术；年纪较大的农民接受新事物的能力较弱，所以接受新技术的概率较小。所以，本研究预期年龄对农户接受新型技术有负向影响。

③文化程度。受教育程度是衡量个体文化素质的重要指标，一般认为其他条件不变情况下，受教育程度越高的个体其个人修养、综合素质相应会更高。有学者在研究调查中表明，户主的文化程度和技术采用率呈现出正相关关系，即受教育程度越高，越容易接受新技术（杨传喜，2011）。与此同时，具备更高的文化程度可以帮助农户更好地了解、掌握、分析不同技术和市场信息，从而可以进一步帮助农户提高种植生产能力（刘天军等，2013）。

（2）家庭特征

①家庭总收入。家庭总收入越高，同等条件下往往意味着家庭储蓄越高，储蓄在生产中能转为资本投资。研究表明，自身资本存量更高的农户在技术选择上更占据优势（林毅夫，1994），拥有较好经济背景的农户可以更好地承担采用新技术带来的一系列成本和风险，因此更有可能采用新技术（朱希刚，1995）。所以有必要将家庭总收入变量作为家庭特征的重要指标之一纳入模型，研究预计家庭总收入会正向促进农户接受新型技术。

②兼业情况。农户兼业化程度会对农户新型技术的采用造成重要的影响。农户生产时，非农生产时间占总生产时间的比重越长、农户生产兼业化程度越高，农户对新型农业技术的需求就越不明显（朱明芬，2001；张舰，2002）；但也有学者站在这一观点的反面，提出农业劳动人口的流动可以帮助农业规模经营有效发展、生产要素优化配置，从而使得农户更愿意采用新型农业技术（柳建平等，2009）。所以兼业情况对技术需求造成的影响还有待研究。

③土地总面积。一般而言，土地规模越大，农机具、农药、化肥等生产

资料投入越高则生产成本相对越高；对农户自身而言，土地规模越大则意味着劳动投入越大，特别是在劳动力有限的情况下，劳动强度会增加，因而，农户对农业技术的需求也会增加。但是，土地规模太大也会影响农业生产及农产品的质量，所以土地总面积因素对技术需求造成的影响还有待研究。

④土地转入面积。农村土地流转可以防止农村土地利用细碎化及撂荒、闲置等问题，有利于优化土地资源配置、提高土地利用效率，可以促进农民增收和农村经济发展以及促进现代农业发展。即土地转让意味着农户土地面积的增加，会对不同土地规模类型的农户带来不同的影响。所以土地转入面积的大小对技术需求造成的影响还有待研究。

⑤劳动力数量。劳动力作为不可或缺的重要的生产要素，在具体生产过程中会对家庭劳动能力造成较大的影响。劳动能力的强弱代表了生产能力的强弱，为了增加劳动力投入，需要有足够的劳动力资源来保证。因此，除了用于推广新技术的资金之外，最直接的投资是劳动力的投入。但是，当劳动者人数众多时，农户家庭充沛的劳动力要素可以部分替代资本与技术投入，降低对技术的采纳意愿，从而减轻家庭总成本。因此在存在正负双向影响情况下，劳动力数量对农户技术采纳的最终影响有待研究考证。

（3）感知易用性

①新技术易用性。即指农户主观判断新技术实践的难易程度。Sorebo 和 Eikebrok（2008）根据调查结果指出，农户如果认为某种"两型技术"使用难度小，如果更容易使用，那么使用技术的需求可能会更大；如果农民认为"两型技术"较难使用，那么使用该技术的需求可能会相对较弱。

②技术服务可得性。即指农户主观判断从农业科技推广人员处获得技术服务支持的难易程度。Jamnick 和 Klindt（1985）的研究指出，农民获得技术服务支持的渠道、方式越多，意味着农户技术服务的可得性越高，在便捷的技术供给面前，农户相应地产生技术需求的概率会更大。

（4）感知有用性

①生产结构感知。即指农户基于自身经验与客观情况，主观判断新技术的采纳能否实现将农业生产结构从高消耗、低产出向低消耗、高产出转变。如果农户主观意愿认为，新型技术有利于改善生产结构、降低投入、提高产出、保护环境，那么很大概率会产生技术需求。所以，本研究预计农户对生

产结构的感知将会对技术需求的产生有正向影响。

②环境感知。即指农户基于自身经验与客观情况，主观判断在采用新技术之后，是否可以对周边的生活、生产环境造成良好的影响。如果农户主观意愿认为，采用新型技术可以帮助改善环境，那么很大概率会产生技术需求。所以，本研究预期农户对生产结构的感知将会正向影响技术需求的产生。

（5）感知获利性

①经济效益感知。即指农户基于自身经验与客观情况，主观判断新技术的采纳能否实现作物增产与经济效益提高。农户会在对新技术带来的边际成本和边际收益进行比较之后做出相对理性的判断，当边际成本等于边际收益时，此时新技术将给农户带来最大化的利润（刘占平，2012）。就一般情况来说，农户预期获利越多，农户产生技术需求的可能性就越大。

②成本感知。即指农户主观判断采用新技术之后，是否可以帮助降低生产成本和生活成本。农户在进行农业生产时，会花费一定的人力物力财力，形成生产过程的成本，如果成本过大，将会对农户的收益造成影响。就一般情况来说，农户预期技术采纳后成本下降的概率越大，则农户越有可能产生相应的技术需求。

4.2.1.2 模型设定

结合研究目的，研究以"两型"农业技术为代表，设定了 4 个不同的回归模型。根据土地经营面积，研究在全样本的模型 Ⅰ 基础上，分别选取小规模、中等规模和较大规模样本，依次探讨影响农户农业技术需求意愿的可能因素。模型中，被解释变量是农户的技术需求意愿，为二元离散变量，即存在"愿意"或"不愿意"两种分布。鉴于此，具体分析估计模型参数时，本研究选用 Logistic 模型开展参数回归分析，其中，农户对生态友好型农业技术存在需求意愿的概率为 p，则：

$$p = \frac{e^{f(x)}}{1 + e^{f(x)}} \tag{4-1}$$

$$1 - p = \frac{1}{1 + e^{f(x)}} \tag{4-2}$$

那么，式（4-1）除以式（4-2）即为农户产生农业技术需求的机会概率，即：

$$\frac{p}{1-p}=\frac{1+\mathrm{e}^{f(x)}}{1+\mathrm{e}^{-f(x)}}=\mathrm{e}^{f(x)} \qquad (4-3)$$

将式（4-3）对数化处理，则得参数估计的线性模型，即：

$$y=\ln\left(\frac{p}{1-p}\right)=\beta_0+\beta_1 x_1+\beta_2 x_2+\cdots+\beta_i x_i+\mu \qquad (4-4)$$

式（4-4）中，β_0 为回归截距；μ 为随机干扰项；x_i 为农户的生态友好型农业技术的需求意愿的可能影响解释变量；β_i 为相应解释变量的回归系数。

4.2.1.3　变量描述

从表4-5中可以看出影响农户"资源节约型、环境友好型农业"技术利用意愿的影响因素以及含义、赋值、预期方向。

表 4-5　变量的含义及预期影响

类别	变量名称	代码	含义和赋值	预期方向
因变量	技术需求意愿	Y	无需求意愿＝0　有需求意愿＝1	
个人特征	性别	X_1	男＝1，女＝0	?
	年龄	X_2	被调查农户实际年龄（岁）	—
	文化程度	X_3	不识字或识字很少＝1，小学＝2，初中＝3，高中＝4，大专（含）以上＝5	＋
家庭特征	家庭总收入	X_4	上一年度家庭实际总收入（万元）	＋
	兼业情况	X_5	有＝1，无＝0	?
	土地总面积	X_6	被调查农户的实际拥有的土地数量（亩）	?
	土地转入面积	X_7	被调查农户的实际转入的土地数量（亩）	?
	劳动力	X_8	被调查农户家中实际的劳动力数量（人）	＋
感知易用性	新技术易用性	X_9	完全不同意＝1，不太同意＝2，一般＝3，比较同意＝4，非常同意＝5	＋
	技术服务可得性	X_{10}	完全不同意＝1，不太同意＝2，一般＝3，比较同意＝4，非常同意＝5	＋
感知有用性	生产结构感知	X_{11}	完全不同意＝1，不太同意＝2，一般＝3，比较同意＝4，非常同意＝5	＋
	环境感知	X_{12}	完全不同意＝1，不太同意＝2，一般＝3，比较同意＝4，非常同意＝5	＋
感知获利性	经济效益感知	X_{13}	完全不同意＝1，不太同意＝2，一般＝3，比较同意＝4，非常同意＝5	＋
	成本感知	X_{14}	完全不同意＝1，不太同意＝2，一般＝3，比较同意＝4，非常同意＝5	＋

4.2.2　土地规模经营农户农业科技需求影响因素分析

根据表 4-6，模型 Ⅰ~Ⅳ 的 X^2 统计值均为 $P<0.01$ 情况下的统计结果，分别为 6.047、21.057、38.957、35.352，说明模型解释变量设定整体对于被解释变量——农户产生技术需求意愿的概率具有合理性。除此之外，根据四个模型的对应的 Nagelkerke R^2 值（0.010、0.118、0.145 6、0.193），可以盘点各模型中的解释变量与被解释变量具有统计意义上的逻辑关系。

在进行了多重共线性检验后，研究建立二元 Logistic 回归模型检验各个变量对采纳"资源节约型、环境友好型农业"技术的不同程度的影响。根据表 4-6 显示出的回归结果，可以看出较好的模型拟合情况，本调查重点研究包括户主个人特征在内的五个因素对农户"资源节约型、环境友好型农业"技术采纳行为产生的重要影响。

4.2.2.1　基于不同土地规模经营农户的实证结果分析

本研究运用 Binary Logistic 回归模型，利用该模型在 Stata12 软件中分析不同规模的四种类型样本数据，得出的参数估计结果整理如表 4-6 所示：

（1）个人特征的影响

回归结果表明，年龄变量对中等规模样本组农户技术需求的意愿有显著负向影响。随着农户年龄的不断增加，想要接受新农业技术和知识的农户呈现出下降的趋势。根据回归结果可以看出，无论是小规模、中等规模还是较大规模土地经营类型农户，30~49 岁的农户对生态友好型农业技术有着最强需求；30 岁以下的青年农户次之；50 岁以上的老年农户最差。可能存在的解释是：中年农户往往在家庭中扮演着支柱性的角色，于是中年农户需要安排农业生产、项目选择，因此，中年农户和青年农户相比，对农业的发展有着更加长远的眼光，并且有信心有能力去学习新技术。但是，对于 Ⅰ~Ⅳ 4 个模型而言，绝大多数农户的年龄都处于 50 岁左右，因此对农业科技知识的需求意愿造成了较大程度的影响。

文化程度变量对中等规模样本组农户的技术需求意愿具有显著负向影响。就一般情况而言，受教育水平越高，技术的采纳意愿越高。即受教育水平为大专及以上的农户对技术的需求意愿要显著强于受教育水平为小学及以

表 4-6 不同土地规模型参数估计与检验

变量		全部样本 I		小规模农户 II		中等规模农户 III		较大规模农户 IV	
		B	Exp (B)	B	Exp (B)	B	Exp (B)	B	Exp (B)
个人特征	性别	-0.177 (0.403)	0.83	-0.725 (0.131)	0.484	-0.096 (0.789)	0.909	-0.168 (0.737)	0.845
	年龄	-0.003 (0.706)	0.997	0.017 (0.349)	1.017	-0.039** (0.022)	0.962	0.011 (0.715)	1.011
	文化程度	-0.057 (0.472)	0.945	-0.009 (0.965)	0.991	-0.388*** (0.005)	0.678	0.217 (0.278)	1.243
家庭特征	家庭总收入	0.009 (0.439)	1.009	-0.061* (0.080)	0.941	-0.014 (0.291)	0.986	0.053 (0.108)	1.054
	兼业情况	-0.224 (0.199)	0.799	0.713** (0.047)	2.040	-0.229 (0.458)	0.795	-1.900*** (0.000)	0.150
	土地总面积	-0.004*** (0.006)	0.996	-0.014 (0.463)	0.986	0.001 (0.910)	1.001	-0.002 (0.580)	0.998
	土地转入面积	0.016*** (0.002)	1.016	0.049 (0.250)	1.051	0.013 (0.158)	1.013	0.023*** (0.005)	1.023
	劳动力	0.021 (0.834)	1.021	-0.380* (0.053)	0.684	0.431** (0.023)	1.540	-0.422 (0.211)	0.656

（续）

变量		全部样本 I		小规模农户 II		中等规模农户 III		较大规模农户 IV	
		B	Exp (B)	B	Exp (B)	B	Exp (B)	B	Exp (B)
感知易用性	新技术易用性	0.078 (0.432)	1.081	0.165 (0.407)	1.180	0.578*** (0.007)	1.782	−0.062 (0.805)	0.940
	技术服务可得性	−0.061 (0.543)	0.941	−0.290 (0.176)	0.748	−0.253 (0.208)	0.776	−0.107 (0.640)	0.898
感知有用性	生产结构感知	0.062 (0.545)	1.064	0.175 (0.363)	1.192	−0.440** (0.014)	0.644	0.790*** (0.009)	2.203
	环境感知	0.078 (0.404)	1.081	0.191 (0.367)	1.211	−0.044 (0.775)	0.957	0.232 (0.336)	1.261
感知获利性	经济效益感知	−0.196* (0.052)	0.822	−0.168 (0.479)	0.846	−0.612*** (0.001)	0.542	0.152 (0.516)	1.164
	成本感知	0.27 (0.761)	1.028	−0.492** (0.017)	0.611	0.353* (0.057)	1.424	−0.028 (0.920)	0.973
χ^2 统计值		6.047		21.057		38.957		35.352	
Nagelkerke R^2		0.010		0.118		0.145		0.193	

注：*、** 和 *** 分别表示变量在10%、5%和1%的统计水平上显著。

下的农户。表 4-6 的统计结果显示，大多数农户的文化水平居于初中教育阶段，而中等规模样本组农户的受教育水平在 3 类分组中居于最后，即接受过初中教育的只占 39.8%，从而导致技术需求水平的下降。其原因可能是：一方面，农户知识积累较少，导致对于技术的学习和应用能力受限；另一方面，偏远的环境及较低的教育背景影响了农户对事物的认知水平，使得技术接受的可能性降低。

（2）家庭特征的影响

从表 4-6 的参数估计结果可知，家庭总收入显著负向影响小土地规模农户的技术需求意愿，但对大规模样本组农户的影响作用却截然相反。也就是说，在考虑是否采用生态友好型农业技术时，小规模样本组农户会因为资金的限制而放弃使用该项技术。

兼业情况对小规模样本组农户有显著的正向影响，但是面对较大规模样本组时存在着显著负向影响。根据统计分析结果可以看出，小规模样本组农户中存在着最高的即 64% 的兼业比例，接下来为中等规模组 59.3%，最后为较大规模组 57%。这说明兼业情况会随着土地规模的不断扩大而存在着逐渐减少的趋势。对于中等规模样本组可能存在的解释是：第一，兼业会帮助优化农业生产要素和农村土地规模经营的持续扩大，在这样的情况下，可以帮助农户生产朝着机械化、专业化方向发展，使一部分剩余劳动力可以从农业生产中转移到非农产业区，这也证实了农户家庭经营的土地面积增减变化会影响家庭劳动力的投入使用情况；第二，从事非农产业就业有助于农户接受新观念，因此可以帮助农户接受新型技术。相反，较大规模样本组农户由于土地数量较多，相对缺乏时间和精力去从事其他职业。统计结果显示，较大规模样本组的平均土地数量为 161.4 亩，而中等规模样本组的平均土地数量为 79.9 亩，更大的劳动强度使得大规模农户无暇从事其他职业。

土地总面积对全体样本组情况下的模型 I 具有显著的负向影响。即土地规模越大，农机具、农药、化肥等生产资料投入越高则生产成本相对越高；对农户自身而言，土地规模越大则意味着劳动力投入越大，特别是在劳动力有限的情况下，劳动强度会增加，因此，农户对农业技术的需求也会增加。但是，土地规模太大也会影响农业生产及农产品的质量，所以土地总面积因素对技术需求造成的影响还有待进一步确定。

土地转入面积对大规模和全体样本组均具有显著的正向影响。即土地转入面积每增加一个层次，全体样本组以及大规模样本组农户的"资源节约型、环境友好型农业"技术的利用意愿发生比将会分别是原来的 1.016 倍和 1.023 倍。可能的解释是：即土地流转后使得原有种植面积增加，相对来说也增加了劳动力的投入、劳动时间和劳动强度，因而农户会借助技术的使用来降低劳动强度，改善劳动环境。

劳动力数量对中等规模样本组农户的正向影响显著，对小规模样本组负向影响显著。推广使用新型技术的过程中，农户除了增减技术花费的资金投入外，还需要配套时间精力接触、学习新技术，并运用于实际生产过程中，因此也增加配套的劳动力投入。也就是说，劳动力数量越多，在考虑是否采用生态友好型农业技术时，中等规模样本组的农户由于土地数量相对小规模农户较多，因而有足够的人力来做好技术使用过程中的保障措施，而小规模农户因为劳动力充足，在土地数量有限的情况下，会因为技术成本等原因而放弃使用该技术。

（3）感知易用性的影响

回归结果显示，技术易用性对中等规模样本组有显著的正向影响。也就是说，生态友好型农业技术越容易使用，中等规模组的农户对生态友好型农业技术的需求程度总的来说是不断递增。可能存在的原因是：第一，中等土地规模的农户更加关注"三农"问题，因为他们在生产过程中有较高的土地依赖性。所以农业生产对于普通农户的重要性会随着土地规模的扩大而上升。第二，在良好的环境中居住，是人类身体、心灵健康发展的重要因素。与此同时也表现出农户的发展和生产生活环境有着紧密的联系，环境质量的好坏直接对农户生产发展造成影响。

（4）感知有用性的影响

根据回归结果可以看出，感知生产结构会对较大规模样本组农户产生显著正向影响，与此同时，对中等规模样本组农户的技术需求意愿产生负向作用。这说明控制住其他变量情况下，较大规模样本组和中等规模样本组对于"资源节约型、环境友好型农业"技术的利用意愿的发生比，受感知的生产结构优化一个层级的影响，将会各自增加原来的 2.203 倍和减少原来的 0.644 倍。这表明，中等规模样本组和较大规模样本组对技术使用带来的生产状况的改善体会更加深刻见效。对此，本研究提出的可能原因是：大规模的农户家庭收入主要依赖于其经营的大规模土地，这一点可以从百亩规模下的农产品商品化率达到了4/5间接佐证；而对经营方式比较灵活的中等规模农户而言，土地既可以是最基本的生活保障来源，也可以是走向市场化和商品化的保证和基础。因为和土地小规模的农户相比，他们对土地的依赖性会大大增加，因此对技术带来的改善会有信心。同时这也说明了土地利用方式会因为不同的土地规模而形成差异。

（5）感知获利性的影响

回归结果显示，经济效益感知对中等规模样本组和全部样本组均具有显著的负向影响。即在其他条件不变时，经济效益感知每增加一个层次，中等规模样本组和全部规模样本组农户的生态友好型农业技术采用意愿的发生比分别将会降低0.822倍和0.542倍。可能的原因是：生态友好型农业技术相对传统农业技术而言，实施成本相对较高，并且其主要作用在于对环境和农业生产和生活资源的保护及有效利用，因而产生明显经济收益的周期相对较长。而增产增收是农户采纳农业技术的首要考虑因素（石洪景等，2013），将农户视作是理性决策者，在面对是否采用先进农业科技的问题时，理性决策者会采用利益最大化原则，这是指一项新兴农业科技如果可以给农户带来较大的经济利益时，人们会选择用新技术替代现有技术，说明如果想要实现技术更新换代，更新的技术务必具备更多的技术经济性。

对于成本感知因素而言，中等土地规模农户受其正向影响更明显，但对大规模农户来说，受作用方向恰恰相反。根据样本统计分析不难发现，中等规模样本组具有最小的农业支出比重达30.4%，接下来是小土地规模样本组的农业支出比重达35.8%，最后是较大土地规模样本组的农业支出比重达48.6%。一般而言，采用生态友好型农业技术需要支出更多的资金，因为它需要投入的农药、化肥等生产资料异于传统农业技术，采用生态友好型农业技术需要投入与传统技术几乎完全不同的农药、肥料以及其他相关生产资料，因而需要投入更多的资金。因此，在生活成本不变的情况下，农业生产过程中耗费的成本对农户的经营盈利情况和耕地的适度规模经营的发展有重要的影响。可能的解释是：小规模农户的农业支出比重虽然相比较大规模样本组较低，但是大部分的支出都花费在基本的农业生产资料及人力上，而中等规模农户由于土地规模大，采用新技术后预期带来的利润可能会大于成本，因此技术利用意愿会相对增加。

4.2.2.2 基于不同地区农户的实证结果分析

土地转入面积对南疆和北疆地区样本组均具有显著的正向影响。即土地转入面积每增加一个层次，大规模样本组和全体样本组农户的"资源节约型、环境友好型农业"技术的利用意愿发生比将会各自是原来利用比的1.015 倍和1.017 倍。可能的解释是：土地流转后使得原有种植面积增加，相对来说也增加了劳动力的投入、劳动时间和劳动强度，因而农户会借助技术的使用来降低劳动强度，改善劳动环境。

表 4 - 7 不同区域模型参数估计与检验

变量		南疆地区 V		北疆地区 VI	
		B	Exp (B)	B	Exp (B)
个人特征	性别	−0.203（0.479）	0.816	−0.177（0.588）	0.838
	年龄	−0.030**（0.031）	0.970	0.013（0.327）	1.013
	文化程度	−0.052（0.634）	0.949	−0.071（0.572）	0.932
家庭特征	家庭总收入	0.001（0.949）	1.001	0.028（0.212）	1.028
	兼业情况	−0.556**（0.033）	0.574	−0.042（0.867）	0.959
	土地总面积	−0.006***（0.003）	0.574	−0.002（0.358）	0.998
	土地转入面积	0.015**（0.035）	1.015	0.017**（0.032）	1.017
	劳动力	0.095（0.472）	1.099	−0.084（0.601）	0.920
感知易用性	新技术易用性	0.351**（0.015）	1.421	−0.139（0.340）	0.870
	技术服务可得性	−0.036（0.801）	0.965	−0.037（0.810）	0.964
感知有用性	生产结构感知	0.183（0.212）	1.201	−0.023（0.879）	0.977
	环境感知	0.172（0.179）	1.187	−0.003（0.982）	0.997
感知获利性	经济效益感知	−0.392**（0.011）	0.676	−0.130（0.386）	0.878
	成本感知	0.033（0.817）	1.034	0.054（0.728）	1.055
χ^2 统计值		15.709		18.453	
Nagelkerke R^2		0.057		0.096	

（1）个人特征的影响

由表 4 - 7 回归结果显示，年龄变量对南疆地区的农户的技术需求意愿具有显著负向影响。也就是说，随着年龄增长，愿意学习各类农业科技的农户有减少的趋势。根据统计结果，南疆地区的农户年龄处于 41～50 岁的占比为 57.4%，51 岁以上的农户占比为 18.7%，即中老年农户的人口比例达到了南疆地区样本农户总数的 76.1%，因而使得技术需求意愿较低。可能的解释是：年龄越大的农民对新鲜事物的学习意愿越弱，缺乏主动学习的动力，而且学习能力和知识的接受能力也逐渐降低，而绝大多数农户的年龄都处于 50 岁左右，因此对技术的需求意愿形成了负面影响。

（2）家庭特征的影响

回归结果显示，兼业情况对南疆地区样本组有显著的负向影响。也就是说，兼业比例越大，南疆农户的"两型农业"技术采纳意愿越低。统计分析结果发现，南疆地区的兼业比例为 56%，北疆地区的兼业程度为 63.2%，反而是南疆的农户技术利用意愿较低。可能的解释是：农户的兼业化程度越高、从事非农生产的时间越长，其采用农业新技术的态度越消极，对农业技术的需求程度、需求种类、投资愿望也越低。新疆南疆地区地处偏远，许多地区远离大城市，长期处于比较闭塞的环境中，经济基础薄弱，主要以发展农业经济为主，再加上自然和历史因素，工业底子薄弱，第三产业层次低、规模小，使得大城市很难发挥带动辐射作用。

土地总面积对南疆地区样本组具有显著的负向影响。即土地规模越大，南疆地区样本组农户的"两型农业"技术利用意愿越低。可能的解释是：南疆地区虽然光热资源丰富，但发展第一产业资源方面远不能与北疆地区同日而语，主要原因在于水资源分布极不平衡，总量占到全区水资源总量的40%，但是利用率仅占全区总利用率的 35%，且自然环境十分恶劣，这就造成人们生产生活的用水需求量与水资源供给量极不相符的矛盾，可开发的耕地资源远远少于北疆。北疆地区的草原资源占新疆全区草原资源总量的70%，人均耕地面积也远远高于南疆地区，具备发展生产的基础自然条件。因此，土地面积越大意味着南疆地区对有限的水资源消耗越大，不利于生态环境和生活环境的可持续发展。

土地转入面积对南疆和北疆地区样本组均具有显著的正向影响。即土地转入面积每增加一个层次，大规模和全体样本组农户的"两型农业"技术利用意愿的发生比分别将会是原来的 1.015 倍和 1.017 倍。可能的解释是：土地流转后使得原有种植面积增加，相对来说也增加了劳动力的投入、劳动时间和劳动强度，因而农户会借助技术的使用来降低劳动强度，改善劳动环境。

（3）感知有用性的影响

根据回归结果，新技术易用性这个变量对于地理位置处于南疆的样本组有显著的正向影响。也就是说，生态友好型农业技术越容易使用，南疆地区的农户对生态友好型农业技术的需求意愿会越高。从表 4-7 的统计结果可以看出，南疆地区农户的受教育水平普遍低于北疆地区，文化程度为初中及以下程度者占比为 78.4%，而高中文化程度者占比为 14.1%，大专占比仅为7.5%，而接受知识的时间与新型技术采用率有着正相关关系，即受教育程度越高，农户对于新型的技术知识学习能力相对越强，学习和吸收农业技术的能力也越强，接纳意愿越高。所以，技术越容易掌握和使用，便越受农户欢迎。

（4）感知获利性的影响

回归结果显示，经济效益感知对南疆地区样本组产生显著的负向影响。即指在其他条件一定的情况下，每增加一个层次的经济效益感知，南疆地区农户的"资源节约型、环境友好型农业"技术的利用意愿发生比则会降低0.676 倍。可能的原因是：一方面，新疆地处亚热带，南疆地区全年平均气温高而降水量稀少，年平均降水量远小于年蒸发量，在这样极端的气候条件和自然条件下，不仅水资源严重缺乏，适宜发展农业生产的绿地面积也很少，南疆地区内不适宜种植的沙漠、戈壁和山地多达 95%，且土地土壤盐碱化和沙化情况十分严重。生态友好型农业技术效果在短期内不显著。另一方面，生态友好型农业技术相对传统农业技术而言，实施成本相对较高，并且其主要作用在于对环境和农业生产和生活资源的保护及有效利用，产生明显经济收益的周期相对较长。如果将农户视作理性决策者，在面对是否采用先进农业科技的问题时，理性决策者会采用利益最大化原则，即如果一项新兴农业科技可以给农户带来较大的经济利益时，人们会选择用新技术替代现有技术，这就要求技术不能盲目追求前沿，而要以技术是否经济为衡量标准。

4.3 本章小结

本研究从土地规模角度出发，根据实地调研获得的一手数据，并且利用

Logistic 回归模型研究，实证分析了不同土地规模经营农户对于资源节约型环境友好型农业技术利用意愿的差异性，及其影响因素是否一致。基于前文分析，可得出以下研究结论：

（1）对于不同土地规模的农户而言，大部分农户具有利用"资源节约型、环境友好型农业"技术的愿望需求，利用需求最高的是中等土地规模组农户，比例达到 83.4%，接下来是小规模样本组农户 76.5%，较大规模样本组利用意愿最低为 71.3%；

（2）对于不同地区的农户而言，利用意愿不同。北疆地区农户的利用意愿为 78.5%，稍高于南疆地区农户的 78.2%；

（3）对于不同土地规模的农户而言，家庭总收入、劳动力数量和生产成本等变量对小规模样本组农户负向影响显著，兼业情况对小规模样本组农户的正向影响显著；年龄、文化程度、生产结构感知和经济效益感知变量对中等规模样本组农户具有显著的负向影响，劳动力数量、技术易用性和农业生产成本等变量同中等土地规模的农户的技术需求意愿呈正向因果关系；兼业状况对大规模样本组农户的负向影响显著，家庭收入、土地转入面积和生产结构感知变量对大规模样本组农户具有显著的正向影响。

（4）对于不同区域的农户而言，年龄、兼业情况、土地总面积和经济效益感知变量对南疆地区的农户具有显著的负向影响，土地转入面积和技术易用性变量对南疆地区农户的生态友好型农业技术利用意愿具有显著的正向影响。其中，土地转入面积是影响南疆地区和北疆地区农户农业技术需求意愿的共同因素，且具有显著的正向影响。说明土地流转有利于优化土地资源配置、提高土地利用效率，可以促进农民增收和农村经济发展以及促进现代农业发展。

第 5 章 土地规模经营农户的农业 科技需求优先序分析

第 4 章分析了农户在土地规模管理中的农业科技需求问题，并深入剖析了影响因素，从而得出，要想提高农业科技推广的有效性，就必须要有针对性地、科学地进行农业科技的传播和推广。一方面，新疆地区受国家发展战略、地区经济发展水平、城乡二元结构和历史欠账问题等因素的影响，其基本公共服务水平与发达地区和城市相比仍有较大差距，不仅表现在总量的差距，还体现在结构的不合理（翟登峰，2012），要想在发展局部受限且整体地区科学文化素质还不高的现实条件下，让农户更多、更快、更好地接受和掌握新技术，就必须清楚地知道农户到底需要什么类型的技术、偏好什么类型的技术。另一方面，科技需求本身是一个动态行为，多种因素会对农户的科技选择行为产生影响，且影响因素不同，农户的具体需求就可能不同（钟鑫，2014），因而做出的可能性选择就不同，使得科技被选用的先后次序也会发生变化。因此，为了更好地服务农户，促进农村地区的发展，就需要我们加深对农户在生产过程中的技术需求的了解程度。为此，本章内容将从不同研究角度出发，分别利用频数法、聚类分析法等对土地规模经营农户的科技需求进行分类分析和研究，并构建多元 Logit 模型，讨论农民个人特征、家庭特征、技术感知等方面因素对其技术需求与选择的影响差异，以期能够明确新型经营主体当前与未来对科技的需求及优先序列，探讨其影响因素，以期为未来规模农业发展提供一定的借鉴。

5.1 满足土地规模经营农户农业科技需求的路径选择

农户科技需求及其影响因素均存在多样性，不同的地理、社会经济、环境因素会导致农户的科技需求差异。而且，科技需求在不同类型农户间的表现也存在差异。借鉴农业科研优先序的研究思路（林毅夫，1996），在农业推广力量和农业发展条件均尚未得到有效发展的地区，确定农业技术供给优先顺序的前提是了解农民对各种农产品需求的优先顺序。因为农户是否采纳某项农业科技受到科技传播途径的影响，所以，对传播途径进行了解是前提（刘淑娟，2014）。

5.1.1　农户对农业科技推广传播渠道选择的路径依赖

土地经营规模是与一定的自然、经济、社会和技术条件相适应的，在农户土地经营行为分析中应充分考虑外部因素对农户经营决策行为的影响，因为通过影响农户土地经营规模决策行为，包括经济发展水平、农业社会化服务体系完善程度、风险和不确定性因素、政策性配套措施、生产力水平等在内的多种外部因素都会对土地经营规模产生影响（张侠，2002）。但最终农户的异质性决定了他们经营目标的差异，对农业科技采纳的行为有所差异，最终带来经营规模效益上的差异（卫荣，2016）。

农户的农业科技选择优先序不同，一方面与自身的偏好有关系，另一方面也与接收信息的渠道来源相关，农民生产生活决策离不开信息，而且信息传播效果会因传播渠道的不同而产生差异。因此，农户会根据自己的偏好来选择适合自己的科技获取渠道（张辰姝，2014），且农业科技通过不同的信息传播渠道可能会对农户农业科技选择优先序产生影响。

农业科技传播是农业推广的更高层次，是指应用自然科学和社会科学的相关科学原理，采取教育、咨询、开发、服务等多元化的干预形式，采用示范、培训、技术指导等丰富的方法，将农业领域产生的新的研究成果、成熟的农业科学技术、稳定的农业知识和新信息进行扩散、普及与应用到农村、农业、农民中去，使农民能够快速地掌握这种技术，然后能够快速为自己所用，有利于农民利用科技发家致富，从而促进农业和农村可持续发展的一种科技传播活动。具体的传播途径包括电视、广播、人际传播、报纸、杂志、图书、政府、网络或者当地个体经销商推荐和推销、农机推广站以及当地农业企业等。农业科技传播集科技、教育、管理、生产等各种活动于一体，具有系统性、综合性及社会性等各种特征。

从表 5-1 可以看出，新疆各地区农户获取农业科技的首选渠道是电视和广播，占比 66.7%。电视和广播作为传统的媒体其影响力无疑巨大，而且农民在劳作之余也有足够的休闲时间来收看或收听有关节目。排在第二位的获取渠道是人际传播，即依靠亲朋好友来获取农业信息和技术，占比 54%，这说明农户获取农业技术的自主性较强。第三位是报纸、杂志和图书，占比为 35.9%。排在最后的是农业科研机构或农业院校，仅占 3.6%。究其原因：一方面，中西部地区基层政府农业服务职能的发挥，包括农业科技推广、示范与带动等，在农村技术服务和信息的市场化程度较低的中西部地区至关重要（屈小博，2008）；另一方面，新疆地域广阔，而农业类院校数量相对较少，不能够全面覆盖所有地区，因此在农业科技推广过程中发挥的作用较小。同时，据调查结果显示，农户对农业科技的传递渠道满意程度调查结果为：非常不满意者占 7.2%、比较不满意者占 12.8%、认为一般的占 62%、比较满意者占 16.4%、非常满意者占 1.6%。这充分说明大多数农户仍然处于"信息饥饿"状态，农业科技信息依然是农村最缺乏的资源。

表 5-1　规模经营农户对农业科技推广传播途径的选择

获取渠道	所占比例（%）	获取渠道	所占比例（%）
电视、广播	66.7	当地个体经销商	17.5
报纸、杂志、书籍	35.9	农业企业	10.1
手机、电脑网络	19.7	政府	24.9
人际传播（亲朋好友、邻居）	54.0	农业科研机构或农业院校	3.6
农技推广机构	17.5		

资料来源：根据相关调研数据整理。

而且在调查中也发现，农民采用的农业新技术来源渠道的排列顺序依次是：电视、广播、人际传播、报纸、杂志、图书、政府、网络或者当地个体经销商推荐和推销、农机推广站以及当地农业企业。可以看出：电视与广播在新疆农民获取农业科技资讯上扮演着不可忽视的重要角色，电视广播成了联接农村大众与农业科技知识的首要桥梁。第二位的是人际传播推广，反映出基于亲戚、朋友和邻里等关系构成的社会关系网络在基层农技推广过程中依然扮演重要角色，而不再局限于血缘和婚姻等关系。尤其需要注意的是，对于广大农户来说，农业科研机构或农业院校相对离农民日常生产经营活动较为遥远，受其科技辐射带动较少。

农民对农业新技术缺乏信任感问题十分突出。在农民对各种不同来源渠道的农业技术信任程度调查中，有 3/4 以上的人买到过假冒伪劣农业技术产品。在对何种技术来源的信任感最高的选项汇总结果中，作为非正式来源的亲戚朋友是农户首要的选择，其次是科技示范户，此后的才是正式的组织来源，分别是乡农业科技站、政府或村委会、科研院所、供销社生产物资部门和企业。经验和教训决定了农户对于不同来源的新技术的信任程度不同，他们会慎重选择农业新技术来源渠道。农户最亲近的人和能够创造眼见为实效果的科技示范户，往往使得农户更愿意相信新技术的安全性。相反，农户对企业具有商业性质的新技术推广顾虑最大，这背后也与少数企业假冒伪劣产品给农户带来的伤害有关。特别需要引起相关科研院所高度重视的是，农民对下乡推广的新技术的信任程度仅仅排在第五位。

据调研分析显示，在购买农业科技产品或服务的过程中有过上当受骗经历的农户占到了 75%，直接导致农民接受新技术的心理障碍，对其产生怀疑心理和不信任感，对农业科学技术的推广传播产生不利影响。这对风险承担能力较弱、心理朴实单纯的农户来说影响很大。因此，为了保障农民的利益不受损害，在充分利用市场机制推广传播农业新技术的同时，政府应该对农业技术市场和农业推广活动参与者的行为进行规范，做好顶层设计，创造良好社会环境，促进农业科技成果的生产、传播和采用（奉公，2005）。

5.1.2　基于不同农业科技推广传播途径的农户分化情况

基于上述分析，根据影响土地规模经营农户农业科技选择路径的实际情况，可以把农户分为以下三种类型：第一类是跟随型农户，即只有当通过别的农户率先成功引入新技术、确保技术经济之后才跟进采用的农户类型。第二类是自主型农户，这部分农户就是所谓的技术先行者，往往这部分农户具有较高的文化素质和较充足的资金，有一定的风险承担能力，与其他农户相比，他们更愿意率先尝试采纳新技术，但是这一农户类型在农户里面比例依然相对较少。第三类是强制型农户。即农户采用技术是受迫于政府的"强制"措施。这种方式在我国老少边穷地区依然存在，一方面基层政府按级政府要求，作为必须完成的政治任务；另一方面，是基层政府基于政治功绩考虑，主动强制推广特定技术，哪怕技术不完全符合当地实际。强制方式一般有两种，一是诱导方式，许诺一定的经济利益或者转移支付，完成任务便兑现承诺。二是强硬措施，以行政手段的方式要求基层完成技术推广任务，否则取消当地的相应优惠政策等内容，迫使其必须按指标要求完成任务（夏刊，2012）。

5.2 基于土地规模经营农户需求度的农业科技选择行为分析

5.2.1 全样本量农户农业科技需求的优先序分析

在对土地规模经营农户获取农业科技成果的途径及选用具体生产技术时考虑的问题进行分析后，需要分析农户是如何选用生产技术的。针对新疆各地区种植业生产的实际情况以及农户对具体技术的采用，依据土地规模生产过程中所涉及的技术服务类别，笔者在调查问卷中主要设计了在种植业生产中农户经常使用的 9 种类型的技术供选择，它们分别是：测土配方施肥、病虫害绿色防控、秸秆还田、高效节水灌溉、保护性耕作、沼气技术、抗旱节能关键技术、高效农药喷施以及抗灾减灾应变技术等。

5.2.1.1 基于频数法的全样本量农户农业科技需求的优先序分析

该方法主要是基于选项不同位次及频数总和大小进行判断，而位次和频数是受访农户根据自身需求的紧急程度或重要性的判断来依次选出的，因此具有一定的参考意义。

据调查问卷统计结果，如表 5-2 所示，在被调查的 943 位种植农户中，有 77.5%的农户首先选择的是测土配方施肥技术；其次是高效节水灌溉技术，需求比例为 68.9%；处于第三位的是沼气技术，需求比例为 66.7%；第四位的是抗旱节能关键技术，农户需求的比例为 59.8%；第五位的是秸秆还田技术，需求比例为 55.2%；然后分别是保护性耕作技术、病虫害绿色防控技术和抗灾减灾应变技术。农户目前暂时最不需要的是高效农药喷施技术。

表 5 - 2 规模经营农户对农业科技的需求情况

技术类型	测土配方施肥技术	病虫害绿色防控技术	秸秆还田技术	沼气技术	高效节水灌溉技术	保护性耕作技术	抗旱节能关键技术	高效农药喷施技术	抗灾减灾应变技术
需求比例（%）	77.5	45.8	55.2	66.7	68.9	53.4	59.8	28.8	29.1

5.2.1.2 基于加权频数法的全样本量农户农业科技需求的优先序分析

加权频数法又称为总分法或均值法，根据选定选项的频率和顺序分配不同的分数。根据被调查者按重要性分类的要求优先级，再根据总加权大小（或平均大小）确定每个选项。不同的研究人员在调查过程中会采用不同的分配方法，其中一些按降序赋值（袁远建，2007），也有人按升序赋值（郑维荣，2011）。

本研究基于对新疆各地区规模样本组农户农业科技需求优先序进行了调查，采用加权频数法统计资料：首先，根据所设的 9 个选项，按照从高到低的顺序，按规定进行记分，具体如下：每一个样本选择排第一位的记 9 分，排第二位的记 8 分……排第九位的记 1 分，不选的记 0 分，被选频次通过统计各选项在每个位次的次数得到，乘以相应的分值并计算得到总分，通过 Excel 统计软件实现。另外，总分值越大表示需求度越高。利用这种加权频数法能更加准确地对不同农业科技优先序进行度量，可以弥补频数法精确度不够的缺点。

表 5 - 3 全样本规模经营农户对不同农业科技的序次频数及其加权均值

选项	第一	第二	第三	第四	第五	均值	优先序
测土配方施肥技术	400	104	145	94	61	3.86	1
病虫害绿色防控技术	118	134	88	68	61	3.38	3
秸秆还田技术	58	198	168	81	81	3.12	4
沼气技术	258	81	141	128	88	3.42	2
高效节水灌溉技术	77	194	138	148	158	2.84	6
保护性耕作技术	67	111	148	124	101	2.85	5
抗旱节能关键技术	30	88	84	151	148	2.4	8
高效农药喷施技术	21	61	41	111	64	2.54	7
抗灾减灾应变技术	34	17	31	71	148	2.06	9

从表5-3可以看出，农户首先选择的是测土配方施肥技术，其次是沼气技术，第三位的是病虫害绿色防控技术，第四位的是秸秆还田技术，第五位的是保护性耕作技术，然后分别是高效节水灌溉技术、高效农药喷施技术和抗旱节能关键技术，排在最后的是抗灾减灾应变技术。

5.2.1.3　基于聚类分析法的全样本量农户农业科技需求的优先序分析

通过聚类分析也可弥补频数法的不足，如王瑜、张耀刚等（2007）以江苏省321户种植户对技术需求为例，运用聚类分层的方法对种植粮食作物农户和种植经济作物农户的技术类型的不同需求进行了优先序排列。研究结果显示：公共产品的排列次序存在较大不同的是农民迫切需求和急需政府投资两个方面。

本研究利用SPSS 22.0软件将土地规模经营农户对农业科技的需求情况进行聚类分析，具体结果如图5-1所示：

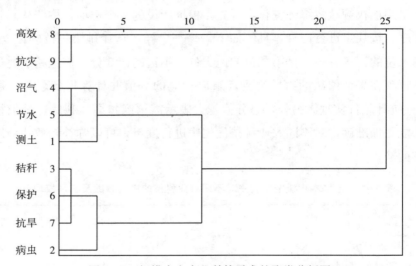

图5-1　规模农户农业科技需求的聚类分析图

注：1＝测土配方施肥技术；2＝病虫害绿色防控技术；3＝秸秆还田技术；4＝沼气技术；5＝高效节水灌溉技术；6＝保护性耕作技术；7＝抗旱节能关键技术；8＝高效农药喷施技术；9＝抗灾减灾应变技术。

根据图5-1所示，可以把这9类技术划分为四类，具体如表5-4所示：

表5-4 农户科技需求聚类结果

层次	农户科技需求
第一类	测土配方施肥技术
第二类	高效节水灌溉技术、沼气技术
第三类	病虫害绿色防控技术、秸秆还田技术、保护性耕作技术、抗旱节能关键技术
第四类	高效农药喷施技术、抗灾减灾应变技术

第一类是测土配方施肥技术。在所有的技术中，农户对测土配方施肥技术的需求最大，占比为77.5%，因此单列为一类。测土配方施肥技术能调整、解决作物生长的肥料需求和土壤肥力供应问题，补充作物所需的营养元素，有效减少农药化肥使用，提高效率，实现改善环境和增收减支的目的，促进农业生产健康可持续发展（李占行，2013）。

第二类是高效节水灌溉技术和沼气技术。这两项技术的需求度都在60%以上，而且高效节水灌溉技术优先于沼气技术，这与新疆独特的绿洲经济发展模式息息相关，新疆是国家重要的农产品生产基地，本身也属于干旱缺水的地区，其农业用水量占总用水量的96%，是典型的灌溉农业。而且在新疆地区普遍干旱、水资源供求矛盾日益突出的背景下，农业生产节水势在必行（苏荟，2013），因此，水资源稀缺就成了新疆农业采用高效节水灌溉技术的内在动因；而沼气技术的应用不仅可以改善传统的能源结构，增加农村能源供应量，达到节约能源、改善和保护新疆脆弱的生态环境的目的，还有利于减少化肥和农药的用量，提高农作物的产量和质量，同时也能促进和带动畜牧业的发展，是改变农村环境的一个重要途径。因此，沼气技术能推动新疆绿洲生态农业建设的全面发展和农村经济的可持续发展。

第三类是病虫害绿色防控技术、秸秆还田技术、保护性耕作技术以及抗旱节能关键技术。根据重要性排序，这四种技术的优先序排名第一的是抗旱节能关键技术，随后依次是秸秆还田技术、保护性耕作技术和病虫害绿色防控技术。

干旱是新疆最普遍、影响最广泛的灾种，严重影响新疆社会经济可持续发展，旱灾造成的损失不仅是经济上的，更会引发和加剧包括水土流失、土地荒漠化等生态环境灾害。因此，抗旱减灾关键技术对于实现预防和减轻自然灾害损失，提高新疆在应对旱灾的灾情应急处置能力和体系建设，提高其落实和可操作性水平有重大作用，对农业生产也具有重要现实意义。

第四类是高效农药喷施技术、抗灾减灾应变技术。农业是弱质产业，很容易受到自然灾害的影响，在新疆，特别是种植业很容易遭受冰雹、大风等自然灾害的影响，所以对抗灾减灾应变技术的需求优先于高效农药喷施技术。

5.2.2　条件限定下的土地规模经营农户农业技术需求优先序分析

5.2.2.1　不同地区规模经营农户对农业技术需求的优先序分析

由于新疆特殊的区情和地理位置，南疆地区和北疆地区各方面发展差异性显著。北疆地区具有良好的自然条件、区位条件、经济条件和人才资源，使得北疆的优势明显，发展显著快于南疆，经济核心普遍位于北疆。而南疆地区普遍远离经济核心区，又是少数民族主要的居住地，不但自然地理环境条件恶劣，还有较为明显的结构性缺水和工程缺水的问题，绿洲面积占比非常少，土壤盐碱化和沙化情况也十分严重，这使得南疆地区农业发展明显落后于北疆地区，因而它们之间的农业需求差异性也较明显。

表 5－5　不同地区规模经营农户最需要的前 5 类农业技术及其需求程度

科技需求排序	北疆地区	需求比例（%）	南疆地区	需求比例（%）
1	测土配方施肥技术	84.6	测土配方施肥技术	69.0
2	高效节水灌溉技术	78.3	沼气技术	65.5
3	沼气技术	69.2	高效节水灌溉技术	59.3
4	秸秆还田技术	59.4	抗旱节能关键技术	55.2
5	病虫害绿色防控技术	55.9	保护性耕作技术	54.5

从表 5－5 可知，规模经营农户不论是身处北疆地区还是南疆地区从事农业生产，测土配方施肥技术是全区范围内农户最需要的首选农业科技成果。从不同地区农户对农业科技需求的情况来看，北疆地区的农户更需要的是高效节水灌溉技术、沼气技术、秸秆还田技术和病虫害绿色防控技术；南疆地区农户需要的是沼气技术、高效节水灌溉技术、抗旱节能关键技术和保护性耕作技术。因此，在农业发展水平明显低于北疆地区、耕地矛盾突出、农业生产环境和条件更为艰苦的情况下，南疆地区的农户更偏向于采用节

能、环保型的农业科技，只有如此才能更好地实现可持续发展。

5.2.2.2 不同家庭年收入规模经营农户农业技术需求的优先序分析

根据调查，按照年收入进行分组，本研究将5万元及其以下的农户划分为低收入组；5.1万～15万元划分为中等收入组；15.1万元及其以上的农户划分为高收入组。由表5-6可知，无论家庭年收入高低如何，所有农户最需要的是测土配方施肥技术。如果按收入分组的情况来看，高效节水灌溉技术是低收入组和中等收入组的第二位的需求，而高收入组则更倾向于对沼气技术的需求；沼气技术是低收入组和中等收入组的第三位的需求，而高收入组则对病虫害绿色防控技术有更高的需求；秸秆还田技术是中等收入组和高收入组的第四位的需求，而低收入组第四位选择的是保护性耕作技术；在对第五位科技成果类型的需求中，低收入组的选择是秸秆还田技术，中等收入组的选择是保护性耕作技术，高收入组则选择了抗旱节能关键技术。

表5-6 不同家庭年收入规模经营农户最需要的前5类科技及其需求程度

技术排序	低收入组	需求比例（%）	中等收入组	需求比例（%）	高收入组	需求比例（%）
1	测土配方施肥技术	74.6	测土配方施肥技术	82.3	测土配方施肥技术	73.0
2	节水灌溉技术	72.4	节水灌溉技术	69.5	沼气技术	70.3
3	沼气技术	65.7	沼气技术	66.7	病虫害绿色防控技术	59.5
4	保护性耕作技术	63.4	秸秆还田技术	55.3	秸秆还田技术	59.4
5	秸秆还田技术	56.7	保护性耕作技术	46.1	抗旱节能设施技术	59.3

5.2.2.3 不同教育程度规模经营农户农业技术需求的优先序分析

根据调查情况，按照教育程度进行分组，本研究把农户划分为不识字或识字很少、小学、初中、高中或中专、大专及以上等5个分组。由表5-7可知，在前五类所需要的科技成果类型中，各种文化程度的农户家庭当前急需的农业科技几乎都是测土配方施肥技术、高效节水灌溉技术、沼气技术、保护性耕作技术和秸秆还田技术，而且这种需求在高中及以上受教育程度的农户中表现得最为明显。不同的是，从按受教育程度分组的情况来看，不识字或识字很少的农户对病虫害绿色防控技术的需求较高，而相比高效节水灌溉技术，小学文化程度的农户更需要沼气技术。

表 5-7　不同教育程度规模经营农户最需要的前 5 类技术及其需求程度

科技需求排序	不识字或识字很少	比例（%）	小学	比例（%）	初中	比例（%）	高中或中专	比例（%）	大专及以上	比例（%）
1	测土配方施肥技术	82.6	测土配方施肥技术	74.4	测土配方施肥技术	82.6	测土配方施肥技术	79.3	测土配方施肥技术	87.5
2	高效节水灌溉技术	78.3	沼气技术	66.3	高效节水灌溉技术	70.5	高效节水灌溉技术	72.4	高效节水灌溉技术	81.3
3	沼气技术	73.9	高效节水灌溉技术	62.8	沼气技术	68.2	沼气技术	65.5	沼气技术	68.8
4	病虫害绿色防控技术	65.2	保护性耕作技术	57	保护性耕作技术	53	保护性耕作技术	62.1	保护性耕作技术	68.7
5	秸秆还田技术	65.1	秸秆还田技术	53.5	秸秆还田技术	52.9	秸秆还田技术	62	秸秆还田技术	56.3

5.3　土地规模经营农户农业科技需求优先序的实证分析

基于优先序分析，本研究将进一步讨论农户不同技术需求的影响因素差异。利用调查数据，研究以测土配方施肥技术、病虫害绿色防控技术等不同技术为参照项，构建了多元 Logit 模型，讨论农民个人特征、家庭特征、技术感知等方面因素对其技术需求与选择的影响差异。经过检验，模型拟合度均良好，最终估计结果见表 5-8。

表 5-8　农户不同技术需求优先序影响因素回归结果

技术选择		B	标准误差	瓦尔德	显著性	Exp（B）	95% 置信区间	
							下限	上限
测土配方施肥技术	截距	**5.738****	2.340	6.011	0.014	—	—	—
	性别	**0.921***	0.551	2.797	0.094	2.511	0.854	7.387
	年龄	0.032	0.025	1.626	0.202	1.033	0.983	1.085
	文化程度	**0.755*****	0.246	9.405	0.002	2.127	1.313	3.446
	家庭总收入	0.041	0.044	0.863	0.353	1.042	0.956	1.135
	兼业	−0.635	0.498	1.626	0.202	0.530	0.200	1.406
	总面积	−0.002	0.005	0.211	0.646	0.998	0.989	1.007

（续）

技术选择		B	标准误差	瓦尔德	显著性	Exp（B）	95% 置信区间	
							下限	上限
测土配方施肥技术	转入面积	0.042	0.028	2.224	0.136	1.043	0.987	1.101
	劳动力	0.175	0.264	0.441	0.507	1.191	0.711	1.997
	新技术易用性	−1.138***	0.316	12.948	0.000	0.321	0.172	0.596
	技术服务可得性	0.175	0.303	0.336	0.562	1.192	0.658	2.157
	生产结构感知	−2.007***	0.401	25.001	0.000	0.134	0.061	0.295
	环境感知	0.997***	0.244	16.652	0.000	2.711	1.679	4.376
	经济效益感知	0.391	0.261	2.256	0.133	1.479	0.887	2.465
	成本感知	−0.233	0.262	0.788	0.375	0.792	0.474	1.325
病虫害绿色防控技术	截距	7.282***	2.449	8.842	0.003	—	—	—
	性别	0.991	0.606	2.671	0.102	2.694	0.821	8.843
	年龄	0.024	0.027	0.823	0.364	1.025	0.972	1.080
	文化程度	0.476*	0.261	3.342	0.068	1.610	0.966	2.683
	家庭总收入	0.051	0.045	1.253	0.263	1.052	0.963	1.149
	兼业	−2.020***	0.527	14.721	0.000	0.133	0.047	0.372
	总面积	−0.002	0.005	0.164	0.685	0.998	0.988	1.008
	转入面积	0.031	0.028	1.203	0.273	1.032	0.976	1.090
	劳动力	0.298	0.281	1.121	0.290	1.347	0.776	2.337
	新技术易用性	−1.117***	0.331	11.376	0.001	0.327	0.171	0.626
	技术服务可得性	0.219	0.319	0.473	0.491	1.245	0.667	2.326
	生产结构感知	−2.154***	0.416	26.785	0.000	0.116	0.051	0.262
	环境感知	1.127***	0.266	17.969	0.000	3.087	1.833	5.199
	经济效益感知	0.628**	0.280	5.026	0.025	1.873	1.082	3.244
	成本感知	−0.830***	0.283	8.624	0.003	0.436	0.251	0.759
秸秆还田技术	截距	8.098***	2.707	8.947	0.003	—	—	—
	性别	0.971	0.688	1.993	0.158	2.641	0.686	10.174
	年龄	0.045	0.030	2.345	0.126	1.046	0.987	1.109
	文化程度	0.849***	0.288	8.691	0.003	2.338	1.329	4.112
	家庭总收入	0.085*	0.049	3.057	0.080	1.089	0.990	1.198
	兼业	−1.810***	0.596	9.236	0.002	0.164	0.051	0.526
	总面积	−0.009	0.006	2.233	0.135	0.991	0.979	1.003
	转入面积	−0.077	0.059	1.668	0.197	0.926	0.824	1.041

（续）

技术选择		B	标准误差	瓦尔德	显著性	Exp（B）	95% 置信区间	
							下限	上限
秸秆还田技术	劳动力	0.311	0.311	1.003	0.317	1.365	0.743	2.508
	新技术易用性	**−1.784*****	0.366	23.723	0.000	0.168	0.082	0.344
	技术服务可得性	−0.082	0.355	0.054	0.816	0.921	0.459	1.846
	生产结构感知	**−2.075*****	0.456	20.698	0.000	0.126	0.051	0.307
	环境感知	**0.976*****	0.314	9.632	0.002	2.653	1.433	4.914
	经济效益感知	**0.652****	0.331	3.876	0.049	1.920	1.003	3.675
	成本感知	**−0.891****	0.344	6.702	0.010	0.410	0.209	0.805
沼气技术	截距	**6.653*****	2.340	8.086	0.004	—	—	—
	性别	−0.486	0.529	0.843	0.358	0.615	0.218	1.735
	年龄	0.029	0.025	1.313	0.252	1.029	0.980	1.081
	文化程度	**0.499****	0.245	4.154	0.042	1.648	1.019	2.664
	家庭总收入	0.035	0.044	0.645	0.422	1.036	0.950	1.130
	兼业	−0.810	0.495	2.675	0.102	0.445	0.169	1.174
	总面积	0.000	0.005	0.008	0.930	1.000	0.990	1.009
	转入面积	0.023	0.028	0.656	0.418	1.023	0.968	1.081
	劳动力	0.022	0.268	0.007	0.935	1.022	0.605	1.727
	新技术易用性	**−0.957*****	0.316	9.172	0.002	0.384	0.207	0.713
	技术服务可得性	0.385	0.303	1.617	0.204	1.470	0.812	2.663
	生产结构感知	**−1.855*****	0.402	21.334	0.000	0.156	0.071	0.344
	环境感知	**0.908*****	0.244	13.876	0.000	2.481	1.538	4.001
	经济效益感知	**0.449***	0.260	2.970	0.085	1.567	0.940	2.610
	成本感知	−0.377	0.261	2.089	0.148	0.686	0.411	1.144
高效节水灌溉技术	截距	**7.089*****	2.651	7.148	0.008	—	—	—
	性别	**−1.602*****	0.595	7.242	0.007	0.202	0.063	0.647
	年龄	0.007	0.030	0.059	0.807	1.007	0.951	1.067
	文化程度	0.196	0.280	0.489	0.484	1.217	0.702	2.108
	家庭总收入	**−0.154*****	0.055	7.788	0.005	0.857	0.769	0.955
	兼业	−0.100	0.576	0.030	0.863	0.905	0.293	2.797
	总面积	**0.009***	0.006	2.733	0.098	1.009	0.998	1.020
	转入面积	0.037	0.029	1.708	0.191	1.038	0.982	1.098
	劳动力	−0.054	0.324	0.028	0.867	0.947	0.502	1.786

（续）

技术选择		B	标准误差	瓦尔德	显著性	Exp（B）	95％ 置信区间	
							下限	上限
高效节水灌溉技术	新技术易用性	**−0.615**[*]	0.354	3.009	0.083	0.541	0.270	1.083
	技术服务可得性	0.431	0.344	1.563	0.211	1.538	0.783	3.022
	生产结构感知	**−2.267**^{***}	0.435	27.228	0.000	0.104	0.044	0.243
	环境感知	**1.512**^{***}	0.300	25.332	0.000	4.537	2.518	8.174
	经济效益感知	0.462	0.315	2.158	0.142	1.587	0.857	2.941
	成本感知	**−0.700**^{**}	0.315	4.943	0.026	0.497	0.268	0.920
保护性耕作技术	截距	**5.895**^{***}	2.869	4.221	0.040	—	—	—
	性别	0.691	0.677	1.042	0.307	1.996	0.529	7.525
	年龄	0.024	0.030	0.604	0.437	1.024	0.965	1.086
	文化程度	0.267	0.313	0.726	0.394	1.306	0.707	2.414
	家庭总收入	**−0.165**^{**}	0.075	4.846	0.028	0.848	0.732	0.982
	兼业	**−1.726**^{***}	0.592	8.498	0.004	0.178	0.056	0.568
	总面积	−0.009	0.007	1.478	0.224	0.991	0.977	1.006
	转入面积	−0.001	0.038	0.000	0.989	0.999	0.928	1.077
	劳动力	0.086	0.337	0.066	0.798	1.090	0.563	2.112
	新技术易用性	**−1.305**^{***}	0.369	12.499	0.000	0.271	0.132	0.559
	技术服务可得性	0.590	0.359	2.696	0.101	1.804	0.892	3.648
	生产结构感知	**−1.764**^{***}	0.447	15.542	0.000	0.171	0.071	0.412
	环境感知	**0.644**^{**}	0.299	4.628	0.031	1.904	1.059	3.424
	经济效益感知	**1.237**^{***}	0.342	13.061	0.000	3.446	1.762	6.740
	成本感知	**−0.588**[*]	0.324	3.293	0.070	0.555	0.294	1.048
抗旱节能关键技术	截距	4.464	3.635	1.508	0.219	—	—	—
	性别	−1.042	0.789	1.741	0.187	0.353	0.075	1.658
	年龄	0.034	0.039	0.761	0.383	1.035	0.958	1.118
	文化程度	−0.455	0.432	1.112	0.292	0.634	0.272	1.478
	家庭总收入	**−0.258**^{***}	0.084	9.498	0.002	0.773	0.656	0.910
	兼业	1.501	0.919	2.665	0.103	4.486	0.740	27.194
	总面积	**0.015**^{**}	0.008	3.964	0.046	1.015	1.000	1.030
	转入面积	**0.055**[*]	0.029	3.557	0.059	1.056	0.998	1.118
	劳动力	−0.210	0.518	0.164	0.686	0.811	0.294	2.236
	新技术易用性	**−1.135**^{***}	0.417	7.396	0.007	0.321	0.142	0.728

（续）

技术选择		B	标准误差	瓦尔德	显著性	Exp（B）	95％ 置信区间	
							下限	上限
抗旱节能关键技术	技术服务可得性	−0.090	0.429	0.044	0.834	0.914	0.395	2.117
	生产结构感知	**−1.041***	0.531	3.842	0.050	0.353	0.125	1.000
	环境感知	**2.076****	0.452	21.098	0.000	7.976	3.288	19.346
	经济效益感知	**1.062****	0.473	5.043	0.025	2.891	1.145	7.303
	成本感知	**−2.059*****	0.461	19.970	0.000	0.128	0.052	0.315
高效农药喷施技术	截距	−0.634	3.516	0.032	0.857	—	—	—
	性别	0.269	0.866	0.097	0.756	1.309	0.240	7.146
	年龄	0.051	0.038	1.753	0.186	1.052	0.976	1.134
	文化程度	−0.209	0.415	0.253	0.615	0.812	0.360	1.831
	家庭总收入	−0.112	0.072	2.426	0.119	0.894	0.776	1.029
	兼业	**−2.834*****	0.837	11.467	0.001	0.059	0.011	0.303
	总面积	−0.001	0.009	0.020	0.888	0.999	0.981	1.016
	转入面积	**0.053***	0.029	3.419	0.064	1.055	0.997	1.116
	劳动力	−0.067	0.437	0.023	0.879	0.935	0.397	2.204
	新技术易用性	**−1.781*****	0.508	12.280	0.000	0.169	0.062	0.456
	技术服务可得性	**1.369*****	0.514	7.096	0.008	3.932	1.436	10.767
	生产结构感知	**−3.233*****	0.550	34.560	0.000	0.039	0.013	0.116
	环境感知	**1.484*****	0.374	15.779	0.000	4.411	2.121	9.173
	经济效益感知	**1.831*****	0.487	14.147	0.000	6.241	2.403	16.205
	成本感知	0.414	0.462	0.801	0.371	1.512	0.611	3.741

注：*、**、***分别表示在10％、5％、1％统计水平上显著。

　　由表 5-8 可知，首先，对于全部技术而言，新技术易用性感知、生产结构感知和环境感知都是影响农户技术需求的重要因素。具体来看，新技术易用性感知对全部技术均呈现显著的负向影响，与预期相反。虽然土地规模经营农户主观认为某项技术使用起来并不困难，但是出现了农户感知技术越容易使用，反而对其需求程度越低的现象。可能的解释是，我国农户尤其是新疆等少数民族地区农户，受教育程度普遍较低，思想观念依旧落后。即使农户认为该项技术使用容易，操作便捷，但农户往往认为在节约劳动力、提高效率的同时，意味着资金投入的增加，可能只有少数"自主型"农户会主动采纳新技术。生产结构感知同样对全部技术呈现出显著的负向影响，即农户主观意愿认为，采纳"两型农业"新技术有利于改善生产结构、降低投入、提高产出、保护环境，那么农户的科技需求反而越低，与预期并不一致。可能的解释是，广泛存在的小农思想制约了其科技需求，虽然"两型农业"技术对生产效益的提高、环境的改善都有好处，但是生产结构的转变同样意味着大量的资金投入和风险的承担，这在一定程度上反而制约了农户的科技需求。但环境感知对农户技术需求均呈现出显著的正向影响，如果农户主观意愿认为，采用新型技术可以帮助改善环境，那么农户的科技需求就会愈发强烈。这也说明，大部分农户希望能够在农业生产活动中，通过较低成本、相对科学的技术使用，改善周边生产生活环境。

再重点关注需求量较大的 5 类技术，其中，只有环境感知的测度均在 1‰水平上显著，且对规模农户的技术需求正向影响。在越来越强调农村生态环境良好发展的趋势下，"两型农业"技术较高的环境属性让农户在进行技术选择决策中不得不融入越来越多的对环境的感受、思考和判断。相较于略显被动使用的抗旱应变技术，农户会更为主动地采纳环境友好型技术，这种技术的高需求性来源于农户逐渐提升的环境自觉性。相较于抗旱应变技术，技术易得性和生产结构的感知对 8 种技术的影响在不同程度上表现出负向的显著影响，一方面符合人类的心理需求，对于一些实用的"两型农业"技术，越难以得到越希望获得。另一方面，大多数"两型农业"技术的生产结构改变是需要时间积累的，比较而言，抗灾减灾应变技术的应用效果最易观察和进行量的评价。

其次，农户对技术的经济效益和成本的考虑在测土配方施肥、病虫害绿色防控、秸秆还田、保护性耕作、抗旱节能设施等技术需求上的作用是极为明显的，技术的经济效益越高、成本越低，农户越愿意拥有该技术，这符合"理性人"的假设，说明农户在进行技术需求评价时是理性的。

再次，在农户家庭特征中，兼业被证明是对农户新技术需求影响最广泛和最明显的因素，对病虫害绿色防控、秸秆还田、保护性耕作、高效农药喷施等技术的需求都在 1‰水平上具有显著负向影响；同时，家庭的收入水平也表现出了相似的作用特征，对节水灌溉、保护性耕作、抗旱节能设施等技术在不同程度上表现出负向的影响关系。这种影响关系是极易被解释的，兼业水平越高的农村家庭对农业生产的依赖性往往越低，也缺乏将更多精力投入到农业的可能性，因此对于需要大量劳动力和劳动时间投入的新技术缺乏需求；转而关注对收入的影响，收入水平高的家庭虽然具有对资本集约型新技术的需求条件，但可能由于家庭对农业产出的低依赖性，使其不愿意花费更多时间和精力去尝试有利于增产或节约成本的生产技术。需要补充的是，农户对高效节水灌溉和抗旱节能关键技术的选择受到耕地面积的影响，耕地面积越大的农户越重视农田的节水与抗旱，由此揭示了节水与抗旱技术的适应规模条件。

最后，在农民的个人特征中，文化程度在很高的水平上会对农民的技术需求产生影响，对测土配方施肥技术、病虫害绿色防控技术、秸秆还田技术以及沼气技术的需求产生都存在不同程度的促进作用。文化程度较高的农民往往对新技术有更理性和全面的了解，也更具有探索精神，常常成为新技术的尝试者。有趣的是，在性别方面，男性认为更需要测土配方施肥技术，而女性却认为节水灌溉是非常重要的，这也许在一定程度上反映了农业劳动在不同性别间的分配，也可能来源于男性与女性在认知和决策上的差异。

5.4　本章小结

本章首先对新疆土地规模经营农户的农业科技需求做了总体分析，然后从农户的自主选择最需要的5类种植技术需求、不同地区规模农户对农业技术需求、不同地区规模农户对农业技术需求、不同教育程度规模经营农户对种植技术需求等几个方面入手，分别探讨了农户农业科技优先序问题。并在此基础上，运用统计软件进行聚类分析，最后，结合新疆区情，识别和判定：50％以上的农户当前最需要的5类农业科技成果是测土配方施肥技术、病虫害绿色防控技术、高效节水灌溉技术、沼气技术和抗旱节能关键技术。主要研究结论如下：

（1）不同的农户对各项技术会根据自己的需求和偏好做出不同的选择

第一位选择最多的是测土配方施肥技术，第二、三位最需要的都是秸秆还田技术，第四位最需要的是抗旱节能关键技术，第五位最需要的是高效节水灌溉技术。从不同地区规模经营农户对农业技术需求的排序来看，规模农户不论身处北疆、南疆还是东疆区域范围从事农业生产活动，测土配方施肥技术是全区农户最需求的首选农业科技成果。区别在于，北疆的农户对高效节水灌溉技术、沼气技术、秸秆还田技术和病虫害绿色防控技术有较高的需求；而南疆地区的农户则更倾向于对沼气技术、高效节水灌溉技术、抗旱节能关键技术和保护性耕作技术的需求。

（2）对于不同技术，农户需求的差异主要来源于技术感知

环境感知、技术易得性和生产结构改变感知的影响在技术间差异小，但对技术需求影响显著。相较于抗灾减灾应变技术，环境感知对所有技术需求都产生显著正向影响，而技术易得性和生产结构改变感知在不同程度上产生了显著负向影响，影响方向及强度的不同可能源于技术特征的差异。农户对经济效益和成本的考虑仅会对测土配方施肥、病虫害绿色防治、秸秆还田、保护性耕作、抗旱节能设施等需要一定资金投入的技术需求产生影响，总体而言，农户对技术的经济效益评价越高、成本越低，农户对该技术的需求将越大。

农户对技术的需求也会受到家庭及个人特征的影响。从个人层面来讲，文化程度越高的农户，对"两型技术"的需求越强烈。从家庭层面来讲，兼业和收入水平是影响农户技术需求的重要因素：兼业水平对病虫害绿色防控、秸秆还田、保护性耕作、高效农药喷施等技术的需求会产生显著负向作用，而收入水平会对秸秆还田、节水灌溉、保护性耕作和抗旱节能设施等技术的需求产生不同程度的显著负向影响；另外，对于节水和抗旱技术，耕地面积的影响也极为重要。

第6章 土地规模经营农户农业科技需求强度分析

本章将从科技需求强度大小的角度出发，对土地规模经营农户农业科技需求强度问题进行进一步的阐述。首先，对农业科技需求强度的内涵及度量问题进行界定与探讨，确定测算方法与指标，同时从定性与定量两个方面来进行科技需求强度的内容研究。要提高农户对科技知识的需求强度，需要农户的群体层次差异在政策上有充分的体现，针对不同类型农户选择不同的传播渠道；对不同层次的科技知识使用不同的传播路径；在农业科技知识传播中关注例如女性农户、年龄较大的农户和文化程度较低的农户等弱势群体，选择能够让他们感兴趣，同时容易接受的农业科技知识进行传播（王国辉，2010）。因此，在对农业科技需求强度进行测算的基础上，基于土地规模、地区、兵团、教育程度、兼业情况、性别、年龄以及收入情况等角度对样本农户进行分类比较，观察不同类型农户间农业科技需求强度差异。最后，通过实证分析基于新技术投入率测算农业科技需求强度的影响因素。具体而言，本章内容分为五节：第一节为农业科技需求强度的内涵分析；第二节为新疆土地规模经营农户农业科技需求强度测度方法的介绍；第三节是对土地规模经营农户农业科技需求强度及方差分析；第四节是对土地规模经营农户农业科技需求强度影响因素分析；第五节是本章内容小节。

6.1 农业科技需求强度的内涵

农业的发展离不开科学技术作为后盾。农户科技需求的内涵主要有两个层次：一是农户作为科技消费主体，追求效率提升产生的对科技成果本身的需求；二是农业科技供给主体（如农业企业、农业技术推广机构、农业科研机构和农业院校等）对科技生产活动顺利、高效实施所涉及、所需具备的包括科技发展基础设施、科技资源、科技发展软环境在内的各种投入要素（指广义上的要素）的需求（龚三乐，2010）。农户科技需求的力度、程度也会因为不同地区的经济社会发展、农业生产水平和农户自身追求目标而存在差异。

农户技术需求在内容上包括两个：一是农业技术需求的种类，即农业技术路径或方向选择；二是农业技术需求强度，即农业技术需求量大小。前期研究表明，区域经济发展水平、区域资源禀赋、传播渠道、农业技术信息来源、农户耕地规模与家庭经营规模、农户家庭收入构成以及户主年龄、劳动力转移程度、农民的文化程度、经济水平、性别等因素对农民的科技知识需求有较大影响。

科技需求强度是指基于农户在农业生产、发展等过程中对科技成果、科技生产投入要素等科技需求量的大小，反映了农户对农业科技成果的迫切需求和需求强烈程度。农户对某项农业技术是否采纳和使用，是多种因素共同作用的结果，是一个动态发展的过程。在这一过程中，农户会对相关技术进行了解、认知，并做出自己的判断，决定该技术是否适合自己的农业生产活动（刘然，2013）。接下来我们将对新疆各地区土地规模经营农户的农业科技需求强度进行测度并进行分析探讨。

6.2　农业科技需求强度的测度

6.2.1　基于农户态度的农业科技需求强度测度

随着农业技术的不断发展与创新，强调技术投入而忽视了作为农业科技需求主体农户的意愿表达，可能会导致农业科学技术发展的偏差。本研究结合新疆地区实际和问卷调研数据，将农户对新科学技术的态度表达作为农户科技需求强度的衡量指标，即设置问卷询问农户"您对新科学技术的态度是什么？"农户回答包括"A. 不了解；B. 只要有就尝试采用；C. 有人用，跟着用；D. 大多数人用，就采用；E. 大家都用，也不愿意用"5 个选项，通过农户态度意愿表达作为其科技需求强度的量化指标，以此衡量不同土地规模经营农户的农业科技需求强度。根据农户的态度及回答，结合农户样本信息，并基于单因素方差分析，分析基于不同类别的样本间对技术的需求强度是否有差异。

前人研究表明，农户个体特征、家庭经营特征等因素会影响农户农业科技需求及其强度，因此，在考察样本农户总体科技需求的基础上，本研究选择土地规模、南北疆、兵团、教育程度、兼业情况、年龄、性别和收入水平8个变量作为分类依据，从这8个方面对样本农户进行分类探讨，考察不同类型样本农户间，其农业科技需求强度是否存在差异、差异是否显著、不同类型样本农户间的科技需求有何特点等问题。在进行单因素方差分析的基础上，为了考察农业科技需求在不同类别农户中是否受到土地规模影响，本研究首先进行了多因素方差分析，以此考察农业科技需求影响在不同类型不同土地规模经营农户间的差异性。

6.2.2 基于新技术投入率的农业科技需求强度测度

农业科技投入水平在衡量一个国家或地区农业科技实力时是一项重要指标，但是，在国家大力投入的同时，农户对农业科技需求如何度量，则可以借助需求强度指标实现，主体对某种商品需求的迫切程度称为需求强度，它与需求弹性呈反向关系。土地规模经营农户对农业技术种类或服务的需求也会因不同地区、不同农业生产水平而不尽相同，农业科技推广应根据农户的需求强度来确定其需求结构，以满足其对农业科技的要求，更好地服务农业生产活动。本研究借鉴刘淑娟（2014）的研究成果，拟从价值角度出发，将土地经营主体的农业科技需求强度通过"新技术投入率"这一指标来度量，用公式表示：

$$新技术投入率 = \frac{农业新技术投入总额}{农业生产投入总额} \times 100\%$$

根据当前农业新技术推广中的农业"五新"技术，具体来说分别是新农产品、新技术、新农药、新肥料和新机具，因此包含这五者在内的新技术投入都被计入技术投入费用总额。由此可以用公式：

$$新技术投入率 = \frac{新技术+新农药+新肥料+新品种+新机具}{农业生产投入总额} \times 100\%$$

基于该指标，在对农业科技需求强度进行测算的基础上，本研究将对影响农户农业科技需求强度的影响因素进行回归分析，包括转入面积、技术服务可得性、环境感知、南北疆、家庭总收入以及新技术易用性等 6 个自变量，对因变量农户农业科技需求强度进行逐步回归，探讨影响农业科技需求强度的因素及影响程度。

6.3 土地规模经营农户的农业科技需求强度及方差分析

6.3.1 基于农户态度的农业科技需求总体情况

总体而言，新疆的规模经营农户对农业科技的需求相对较大、强度较高。主要表现在以下三个方面：

第一，新疆作为农牧业大省，在光热土资源，水资源等方面具有得天独厚的农业发展有利条件，与此同时，拥有较多具有浓厚地域特色农产品的特色优势；毗邻中亚各国，是我国向西开放的门户，具有明显的地缘优势，以及现代农业发展条件十分有利的生产建设兵团。尤其值得一提的是，新疆生产建设兵团通过其在组织、集团、装备和技术方面具备的优势，对新疆地方农业的整体发展起到了很好的传帮带作用。在规模化、机械化、科学化等方面表现出了突出优势，其大田种植的耕作、播种和收获三个环节机械化水平比全国平均水平分别高出 52、71 和 22 个百分点，分别达到了 99％、98％和 40％，机械化装备水平位居全国之首（谢芳，2011）。

第二，21 世纪必然是一个技术和知识信息大发展的时代，科技发展和知识更新速度在逐步加快，技术要素对于经济增长和农民增收带来的拉动效应远远大于土地和劳动力要素的投入效果，同时也在逐步扩大使用技术和未使用技术农户之间的差距，而且随着社会经济的进一步发展，农户的物质生活和精神文化生活等各方面都得到了巨大改善，农民需求不断增加，相比以往，不断学习的需求也更加强烈。

第三，农户的自我学习能力随着义务教育的普及和网络、电视、手机等现代科学技术的普及而不断提高，而机械化水平和农业生产效率的提高则大大增加了农户除农业劳动外的休闲时间。

同时也存在部分农户坚守固有的传统经验认知，对新技术新知识存在排斥心理，或者是农业科技需要较多的成本投入等因素而不想学或不愿意学习各类农业科技知识的现象。而农业本身收益相对较低，大多数农户属于兼业型农户，农业收入不再是其家庭主要的收入来源，且不断追加投资的意愿也相对较低（王国辉，2010），同时还存在不可预测的自然风险和市场风险问题，因而使得农业收益风险有增加的可能性；另外农户虽有学习新技术知识的意愿想法，但苦于年事已高、受教育程度不够等自身条件，心有余而力不足。

6.3.2 土地规模经营农户农业科技需求强度方差分析

为了研究包括土地规模、南北疆、兵团、教育程度、兼业情况、年龄、性别和收入水平等各个控制变量是否对规模经营农户农业科技需求强度产生了显著影响，笔者借助方差分析来进行分析和讨论。

6.3.2.1 土地规模对规模经营农户农业科技需求的影响

表 6-1 不同规模下的农业科技需求强度描述性统计

	样本数	平均值	标准差	标准误差	平均值的 95% 置信区间		最小值	最大值
					下限	上限		
小规模	264	3.55	1.122	0.069	3.42	3.69	2	5
中规模	435	3.71	1.115	0.053	3.61	3.82	2	5
大规模	244	3.64	1.096	0.070	3.51	3.78	2	5
总计	943	3.65	1.113	0.036	3.58	3.72	2	5

表 6-2 农业科技需求强度关于不同规模的单因素分析

			平方和	自由度	均方	F	显著性
组间	（组合）		4.200	2	2.100	1.698	0.184
	线性项	未加权	1.037	1	1.037	0.838	0.360
		加权	1.135	1	1.135	0.918	0.338
		偏差	3.065	1	3.065	2.479	0.116
组内			1 162.318	940	1.237		
总计			1 166.517	942			

由表 6-1 可知，中等规模样本农户的采纳意愿强度均值 3.71 最高，大规模样本农户的意愿强度次之，小规模样本农户对新科学技术采纳意愿最低。可见土地规模对农户农业科技需求强度的影响呈现倒 U 形，随着土地

规模的扩大，农户农业科技需求强度呈现先上升后下降的趋势。由表 6-2 可知，尽管不同土地规模样本农户的农业科技需求均值存在一定数值差异，仅中小规模样本的组间差异并不显著。如果只考虑土地规模程度单个因素的影响，则在农户农业科技需求强度总变差中，不同土地规模程度可解释的均方为 2.100，抽样调查引起的均方为 1.037，但从统计学意义上看，方差分析检验 F 值为 1.698，显著性 0.184 大于显著性水平 0.1，表示接受零假设，即农户的土地规模整体对新科学技术的态度强度不存在显著影响。而具体到不同规模程度间，从表 6-3 可知，两两分析对比中，只有小规模与中规模的样本农户间关于农业科技需要强度的差异通过了 10% 显著性水平的检验，即经营小规模与中规模土地的农户间的农业科技需求存在显著的差异。

表 6-3 不同规模间农业科技需求强度两两比较分析

（I）规模		平均值差值（$I-J$）	标准误差	显著性	95% 置信区间	
					下限	上限
小规模	中规模	−0.160	0.087	0.066	−0.33	0.01
	大规模	−0.090	0.099	0.360	−0.28	0.10
中规模	小规模	0.160	0.087	0.066	−0.01	0.33
	大规模	0.069	0.089	0.437	−0.11	0.24
大规模	小规模	0.090	0.099	0.360	−0.10	0.28

6.3.2.2 地区差异对规模经营农户农业科技需求强度的影响

一般来说，不同地区农户对农业科技需求存在差异，基于农业科技需求强度关于地区的单因素方差分析结果，尽管不同地区农户的农业科技需求均值存在一定数值差异，但差异并不显著。由表 6-4 可知，南疆与北疆农户对新科学技术的需求差异不明显，北疆地区农户对农业科学技术态度意愿均值为 3.69，南疆地区农户为 3.60，北疆地区农户农业科技需求强度略高于南疆地区。由表 6-5 可知，如果只考虑地区单个因素的影响，则在农户农业科技需求强度总变差中，地区可解释的变差为 2.219，抽样调查引起的变差为 2.219，但从统计学意义上看，方差分析检验 F 值为 1.793，显著性 0.181 大于显著性水平 0.1，表示接受零假设，即不同地区农户对农业科学技术的态度强度不存在显著差异。而具体到不同地区间，从表6-6可知，关于农业科技需要强度的差异两两分析对比中，各土地规模类型农户间差异均不显著。

表6-4 不同地区的农业科技需求强度描述性统计

	样本数	平均值	标准差	标准误差	平均值的95% 置信区间		最小值	最大值
					下限	上限		
北疆	525	3.69	1.091	0.048	3.60	3.79	2	5
南疆	418	3.60	1.139	0.056	3.49	3.71	2	5
总计	943	3.65	1.113	0.036	3.58	3.72	2	5

表6-5 农业科技需求强度关于不同地区的单因素分析

			平方和	自由度	均方	F	显著性
组间		（组合）	2.219	1	2.219	1.793	0.181
	线性项	未加权	2.219	1	2.219	1.793	0.181
		加权	2.219	1	2.219	1.793	0.181
	组内		1 164.299	941	1.237		
	总计		1 166.517	942			

表6-6 主体间效应检验

源	Ⅲ类平方和	自由度	均方	F	显著性
修正模型	11.021a	5	2.204	1.787	0.113
截距	11 451.867	1	11 451.867	9 286.397	0.000
规模	4.475	2	2.237	1.814	0.164
南北疆	3.147	1	3.147	2.552	0.111
规模 * 南北疆	5.179	2	2.590	2.100	0.123
误差	1 155.496	937	1.233		
总计	13 730.000	943			
修正后总计	1 166.517	942			

$R^2 = 0.009$（调整后 $R^2 = 0.004$）。

在此基础上，为了分析南疆与北疆两区域不同土地规模农户对农业科技需求影响是否存在差异，本研究进行了多因素方差分析。关于多个变量对观察变量的独立作用部分，土地规模贡献的离差平方和与均方分别为 4.475 和 2.237。不同地区贡献的离差平方和与均方分别为 3.147 和 3.147，可见不同土地规模的影响比不同地区的影响更大。但它们对应的相伴概率分别为 0.164 和 0.111，所以它们的影响在统计学意义上不显著。关于地区与规模变量交互作用的部分，其离差平方和和均方分别为 5.179 和 2.590。F 值和相伴概率分别为 2.100 和 0.123，表明其交互作用对农户农业科技需求影响不明显。因此，南疆与北疆两区域农户土地规模程度对其农业科技需求强度的影响无显著差异，具体情况如表 6-7 所示。

表 6-7   不同地区间农业科技需求强度两两比较分析

(I) 规模		平均值差值 $(I-J)$	标准误差	显著性	95% 置信区间	
					下限	上限
图基 HSD	小规模	中规模	−0.16	0.087	0.156	−0.36	0.04
		大规模	−0.09	0.099	0.630	−0.32	0.14
	中规模	小规模	0.16	0.087	0.156	−0.04	0.36
		大规模	0.07	0.089	0.716	−0.14	0.28
	大规模	小规模	0.09	0.099	0.630	−0.14	0.32
		中规模	−0.07	0.089	0.716	−0.28	0.14

6.3.2.3 兵团对规模经营农户农业科技需求强度的影响

基于农业科技需求强度关于兵团的单因素方差分析结果，尽管不同类型农户的农业科技需求均值存在一定数值差异，但组间差异均不显著。从表 6-8可知，非兵团与兵团农户对农业科学技术的需求差异不明显，非兵团农户对农业科学技术态度意愿均值为 3.60，兵团农户对农业科学技术态度意愿均值为 3.48。如表 6-9 所示，如果只考虑兵团单个因素的影响，则在农户农业科技需求强度总变差中，兵团因素可解释的变差为 4.835，抽样调查引起的变差为 4.835，但从统计学意义上看，方差分析检验 F 值为 3.916，显著性 0.048 小于显著性水平 0.1，表示拒绝零假设，即是否为兵团农户对农业科学技术的态度强度存在显著影响。而具体到关于农户是否属于兵团，从表 6-10 可知，两两分析对比中各种规模类型农户间关于农业科技需要强度的差异并不显著。

表 6-8　是否属于兵团对农业科技需求强度描述性统计

	样本数	平均值	标准差	标准误差	平均值的 95% 置信区间		最小值	最大值
					下限	上限		
0	803	3.68	1.101	0.039	3.60	3.76	2	5
1	140	3.48	1.166	0.099	3.28	3.67	2	5
总计	943	3.65	1.113	0.036	3.58	3.72	2	5

表 6-9　农业科技需求强度关于是否属于兵团的单因素分析

			平方和	自由度	均方	F	显著性
组间		（组合）	4.835	1	4.835	3.916	0.048
	线性项	未加权	4.835	1	4.835	3.916	0.048
		加权	4.835	1	4.835	3.916	0.048
	组内		1 161.683	941	1.235		
	总计		1 166.517	942			

表 6-10　主体间效应检验

源	III类平方和	自由度	均方	F	显著性
修正模型	13.204a	5	2.641	2.145	0.058
截距	5 352.577	1	5 352.577	4 348.657	0.000
规模	7.658	2	3.829	3.111	0.045
兵团	7.675	1	7.675	6.236	0.013
规模×兵团	3.899	2	1.950	1.584	0.206
误差	1 153.313	937	1.231		
总计	13 730.000	943			
修正后总计	1 166.517	942			

　　在此基础上，为了分析兵团与非兵团农户不同土地规模对其农业科技需求影响是否存在差异，本研究进行了多因素方差分析。关于多个变量对观察变量的独立作用部分，土地规模贡献的离差平方和为 7.658，均方为 3.829。是否为兵团贡献的离差平方和为 7.675，均方为 7.675，可见不同土地规模的影响比是否为兵团农户的影响更小。但它们对应的相伴概率分别为 0.045 和 0.013，所以它们的影响在统计学意义上显著。关于兵团与规模变量交互

作用的部分，其离差平方和与均方分别为 3.899 和 1.950。F 值和相伴概率分别为 1.584 和 0.206，结果显示其交互作用对农户农业科技需求影响不显著。因此，兵团与非兵团农户土地规模程度对其农业科技需求强度的影响无显著差异（表 6 - 11）。

表 6 - 11 是否属于兵团农户间农业科技需求强度两两比较分析

	(I) 规模		平均值差值 $(I-J)$	标准误差	显著性	95% 置信区间	
						下限	上限
图基 HSD	小规模	中规模	−0.16	0.087	0.156	−0.36	0.04
		大规模	−0.09	0.099	0.629	−0.32	0.14
	中规模	小规模	0.16	0.087	0.156	−0.04	0.36
		大规模	0.07	0.089	0.716	−0.14	0.28
	大规模	小规模	0.09	0.099	0.629	−0.14	0.32
		中规模	−0.07	0.089	0.716	−0.28	0.14

6.3.2.4 教育程度对规模经营农户农业科技需求强度的影响

受教育程度作为影响农户决策的重要因素，在一定程度上会影响其科技需求强度，基于农业科技需求强度关于教育程度的单因素方差分析结果可知，尽管不同受教育程度农户的农业科技需求均值存在一定数值差异，但各种土地规模间农户科技需求差异均不显著。从描述性统计表 6 - 12 可知，大专及以上农户的采纳意愿强度均值为 3.76，最高，受教育程度为小学的农户意愿强度次之，不识字或识字很少的农户对新科学技术采纳意愿最低，为3.62。可见，农户农业科技需求强度呈现出明显阶梯状，即随着受教育程度的提高，农户农业科技需求强度也随之变大。从表 6 - 13 可知，在农户农业科技需求强度总变差中，如果仅关注受教育程度单个因素的影响，不同受教育程度可解释的变差和抽样调查引起的变差分别为 0.261 和 0.674，但从统计学意义上看，方差分析检验 F 值为 0.635，显著性 0.837 在 10% 显著性水平下未通过检验，表示接受零假设，即农户的受教育程度整体对农业科学技术的态度强度不存在显著影响（表 6 - 14）。而具体到不同受教育程度农户间，从表 6 - 15 可知，两两分析对比大、中、小土地规模的农户间关于农业科技需要强度的差异均不显著。

表 6 - 12 不同教育程度下的农业科技需求强度描述性统计

	样本数	平均值	标准差	标准误差	平均值的 95% 置信区间		最小值	最大值
					下限	上限		
不识字或识字很少	121	3.62	1.142	0.104	3.41	3.83	2	5
小学	231	3.66	1.071	0.070	3.52	3.80	2	5
初中	410	3.64	1.120	0.055	3.53	3.75	2	5
高中或中专	107	3.64	1.176	0.114	3.42	3.87	2	5
大专及以上	74	3.76	1.083	0.126	3.51	4.01	2	5
总计	943	3.65	1.113	0.036	3.58	3.72	2	5

表 6 - 13 农业科技需求强度关于不同教育程度的单因素分析

			平方和	自由度	均方	F	显著性
组间	（组合）		1.045	4	0.261	0.210	0.933
	线性项	未加权	0.674	1	0.674	0.543	0.461
		加权	0.402	1	0.402	0.323	0.570
		偏差	0.643	3	0.214	0.173	0.915
组内			1 165.473	938	1.243		
总计			1 166.517	942			

表 6 - 14 主体间效应检验

源	Ⅲ类平方和	自由度	均方	F	显著性
修正模型	11.067a	14	0.790	0.635	0.837
截距	6 712.268	1	6 712.268	5 390.956	0.000
规模	4.610	2	2.305	1.851	0.158
文化程度	1.624	4	0.406	0.326	0.861
规模×文化程度	6.011	8	0.751	0.603	0.776
误差	1 155.451	928	1.245		
总计	13 730.000	943			
修正后总计	1 166.517	942			

$R^2 = 0.009$（调整后 $R^2 = -0.005$）。

在此基础上，为了分析不同受教育程度间不同土地规模农户对农业科技需求影响是否存在差异，本研究进行了多因素方差分析。关于多个变量对观察变量的独立作用部分，土地规模贡献的离差平方和与方差分别为4.610和2.305。不同受教育程度贡献的离差平方和与均方分别为1.624和0.406，可见不同土地规模的影响比不同受教育程度的影响更大。但它们对应的显著性水平分别为0.158和0.861，所以它们的影响在统计学意义上不显著。关于受教育程度与规模变量交互作用的部分，其离差平方和与均方分别为6.011和0.751。F值和相伴概率分别为0.603和0.776，表明它们的交互作用对农户农业科技需求影响不明显。因此，不同受教育程度农户土地规模大小对其农业科技需求强度的影响无显著差异（表6-15）。

表6-15　不同教育程度间农业科技需求强度两两比较分析

(I) 规模		平均值差值 (I−J)	标准误差	显著性	95% 置信区间	
					下限	上限
图基 HSD	小规模 中规模					
	小规模 中规模	−0.16	0.087	0.159	−0.36	0.04
	大规模	−0.09	0.099	0.633	−0.32	0.14
	中规模 小规模	0.16	0.087	0.159	−0.04	0.36
	大规模	0.07	0.089	0.718	−0.14	0.28
	大规模 小规模	0.09	0.099	0.633	−0.14	0.32
	中规模	−0.07	0.089	0.718	−0.28	0.14

6.3.2.5　兼业情况对规模经营农户农业科技需求强度的影响

基于农业科技需求强度关于兼业情况的单因素方差分析结果，从描述性统计表6-16可知，非兼业农户的采纳意愿强度均值为3.70，最高，兼业农户意愿强度次之，为3.62。尽管不同兼业情况农户间的农业科技需求强度均值存在一定数值差异，但各种兼业情况农户科技需求强度差异均不显著。从表6-17可知，如果只考虑兼业单个因素的影响，不同兼业情况可解释农户农业科技需求强度的变差为1.584，抽样调查引起的变差为1.584，但从统计学意义上看，方差分析检验F值为1.279，显著性0.258大于显著性水平0.1，表示接受零假设，即农户的兼业情况整体对农业科学技术的需求强度不存在显著影响（表6-18）。而具体到不同兼业类型农户间，两两分析对比大、中、小土地规模的农户间关于农业科技需要强度的差异均不显著，均没有通过10％置信水平下的显著性检验（表6-19）。

表 6 - 16　不同兼业情况下的农业科技需求强度描述性统计

	样本数	平均值	标准差	标准误差	平均值的 95% 置信区间		最小值	最大值
					下限	上限		
非兼业	377	3.70	1.126	0.058	3.59	3.81	2	5
兼业	566	3.62	1.103	0.046	3.53	3.71	2	5
总计	943	3.65	1.113	0.036	3.58	3.72	2	5

表 6 - 17　农业科技需求强度关于不同兼业情况的单因素分析

			平方和	自由度	均方	F	显著性
组间		（组合）	1.584	1	1.584	1.279	0.258
	线性项	未加权	1.584	1	1.584	1.279	0.258
		加权	1.584	1	1.584	1.279	0.258
	组内		1 164.934	941	1.238		
	总计		1 166.517	942			

表 6 - 18　主体间效应检验

源	Ⅲ类平方和	自由度	均方	F	显著性
修正模型	6.426a	5	1.285	1.038	0.394
截距	11 211.099	1	11 211.099	9 055.144	0.000
规模	3.372	2	1.686	1.362	0.257
兼业	1.246	1	1.246	1.006	0.316
规模×兼业	0.827	2	0.414	0.334	0.716
误差	1 160.092	937	1.238		
总计	13 730.000	943			
修正后总计	1 166.517	942			

$R^2 = 0.006$（调整后 $R^2 = 0.000$）。

表 6 - 19　不同兼业情况间农业科技需求强度两两比较分析

（I）规模		平均值差值（I－J）	标准误差	显著性	95% 置信区间	
					下限	上限
图基 HSD	小规模 中规模	−0.16	0.087	0.158	−0.36	0.04
	小规模 大规模	−0.09	0.099	0.631	−0.32	0.14
	中规模 小规模	0.16	0.087	0.158	−0.04	0.36
	中规模 大规模	0.07	0.089	0.717	−0.14	0.28
	大规模 小规模	0.09	0.099	0.631	−0.14	0.32
	大规模 中规模	−0.07	0.089	0.717	−0.28	0.14

在此基础上，为了分析不同兼业情况的不同土地规模农户对农业科技需求影响是否存在差异，本研究进行了多因素方差分析。关于多个变量对观察变量的独立作用部分，土地规模贡献的离差平方和为 3.372，均方为 1.686。不同兼业情况的离差平方和为 1.246，均方为 1.246，可见兼业情况的影响比土地规模的影响更小。但它们对应的相伴概率分别为 0.257 和 0.316，所以它们的影响在统计学意义上不显著。关于兼业情况与规模变量交互作用的部分，其离差平方和与均方分别为 0.827 和 0.414。F 值和相伴概率分别为 0.334 和 0.716，表明其交互作用对农户农业科技需求影响不明显。因此，不同兼业情况农户的土地规模程度对其农业科技需求强度的影响无显著差异。

6.3.2.6　年龄对规模经营农户农业科技需求强度的影响

基于农业科技需求强度关于年龄的单因素方差分析结果可知，不同年龄层农户的农业科技需求均值存在一定数值差异，且各年龄层间农户的科技需求差异显著。从描述性统计表 6－20 可知，74 岁以上农户的采纳意愿强度均值为 4.00，最高，45 岁以下年龄层农户意愿强度次之，为 3.82，紧随其后依次为 45～59 岁年龄层农户和 60～74 岁年龄层农户，不同年龄层农户农业科技需求强度呈现出中间低、两端高的特点。从表 6－21 可知，在只考虑单因素年龄时，不同年龄层可解释的变差和抽样调查引起的变差分别为 14.935 和 0.059，从统计学意义上看，方差分析检验 F 值为 12.503，显著性 0.000 远小于显著性水平 0.1，说明拒绝零假设，即农户的年龄整体对农业科学技术的意愿强度的影响显著。

表 6－20　不同年龄层下的农业科技需求强度描述性统计

年龄（岁）	样本数	平均值	标准差	标准误差	平均值的 95% 置信区间		最小值	最大值
					下限	上限		
<45	407	3.82	1.129	0.056	3.71	3.93	2	5
45～59	487	3.57	1.073	0.049	3.47	3.66	2	5
60～74	39	2.79	0.923	0.148	2.50	3.09	2	5
>74	10	4.00	1.155	0.365	3.17	4.83	2	5
总计	943	3.65	1.113	0.036	3.58	3.72	2	5

表 6-21　农业科技需求强度关于不同年龄的单因素分析

			平方和	自由度	均方	F	显著性
组间	（组合）		44.806	3	14.935	12.503	0.000
	线性项	未加权	0.059	1	0.059	0.049	0.825
		加权	25.656	1	25.656	21.477	0.000
		偏差	19.150	2	9.575	8.015	0.000
组内			1 121.711	939	1.195		
总计			1 166.517	942			

　　在此基础上，为了分析不同年龄层的不同土地规模农户对农业科技需求影响是否存在差异，本研究又进行了多因素方差分析。关于多个变量对观察变量的独立作用部分，土地规模贡献的离差平方和为 3.999，均方为 2.000。不同年龄层的离差平方和均方分别为 40.340 和 13.447，可见年龄层的影响比土地规模的影响更大。它们对应的相伴概率分别为 0.000 和 0.187，年龄层变量在统计学意义上显著，土地规模在统计学意义上并不显著。关于年龄层与土地规模变量交互作用的部分，其离差平方和为 9.317，均方为 1.553。F 值和相伴概率分别为 1.303 和 0.253，表明它们的交互作用对农户农业科技需求影响不明显。因此，不同年龄层次农户的土地规模程度对其农业科技需求强度的影响无显著差异（表 6-22）。

表 6-22　主体间效应检验

源	Ⅲ类平方和	自由度	均方	F	显著性
修正模型	56.639a	11	5.149	4.319	0.000
截距	1 433.871	1	1 433.871	1 202.775	0.000
规模	3.999	2	2.000	1.677	0.187
年龄层	40.340	3	13.447	11.280	0.000
规模×年龄层	9.317	6	1.553	1.303	0.253
误差	1 109.879	931	1.192		
总计	13 730.000	943			
修正后总计	1 166.517	942			

$R^2 = 0.049$（调整后 $R^2 = 0.037$）。

6.3.2.7　性别对规模经营农户农业科技需求强度的影响

　　基于农业科技需求强度关于性别的单因素方差分析结果可知，尽管不同性别农户的农业科技需求均值存在一定数值差异，但各种土地规模间农户科技需求差异均不显著。从描述性统计表 6-23 可知，女性农户的采纳意愿强度均值为 3.71，高于男性农户的 3.64。从表 6-24 可知，在只考虑单因素性别时，在农户农业科技需求强度总变差中，不同受教育程度可解释的变差和抽样调查引起的变差分别为 0.771 和 0.771，但从统计学意义上看，农户的性别整体对农业科学技术的需求强度不存在显著影响（表 6-25）。而具体到不同性别农户间，从表 6-26 可知，两两分析对比中大、中、小土地规模的农户间关于农业科技需要强度的差异均不显著。

表 6-23　不同性别下的农业科技需求强度描述性统计

	样本数	平均值	标准差	标准误差	平均值的 95% 置信区间		最小值	最大值
					下限	上限		
0	191	3.71	1.114	0.081	3.55	3.87	2	5
1	752	3.64	1.113	0.041	3.56	3.72	2	5
总计	943	3.65	1.113	0.036	3.58	3.72	2	5

表 6-24　农业科技需求强度关于不同性别的单因素分析

			平方和	自由度	均方	F	显著性
组间		（组合）	0.771	1	0.771	0.623	0.430
	线性项	未加权	0.771	1	0.771	0.623	0.430
		加权	0.771	1	0.771	0.623	0.430
	组内		1 165.746	941	1.239		
	总计		1 166.517	942			

表 6-25　主体间效应检验

源	Ⅲ类平方和	自由度	均方	F	显著性
修正模型	6.376a	5	1.275	1.030	0.399
截距	7 421.054	1	7 421.054	5 993.688	0.000
规模	1.818	2	0.909	0.734	0.480
性别	0.630	1	0.630	0.509	0.476
规模×性别	1.572	2	0.786	0.635	0.530
误差	1 160.142	937	1.238		
总计	13 730.000	943			
修正后总计	1 166.517	942			

$R^2 = 0.005$（调整后 $R^2 = 0.000$）。

表 6 - 26　不同性别间农业科技需求强度两两比较分析

(I) 规模		平均值差值 (I−J)	标准误差	显著性	95% 置信区间	
					下限	上限
图基 HSD	小规模					
	中规模	−0.16	0.087	0.158	−0.36	0.04
	大规模	−0.09	0.099	0.631	−0.32	0.14
	中规模					
	小规模	0.16	0.087	0.158	−0.04	0.36
	大规模	0.07	0.089	0.717	−0.14	0.28
	大规模					
	小规模	0.09	0.099	0.631	−0.14	0.32
	中规模	−0.07	0.089	0.717	−0.28	0.14

在此基础上，为了分析不同性别的不同土地规模农户对农业科技需求影响是否存在差异，本研究进行了多因素方差分析。关于多个变量对观察变量的独立作用部分，土地规模贡献的离差平方和为 1.818，均方为 0.909。不同性别的离差平方和均方分别为 0.630 和 0.630，可见性别因素的影响小于土地规模的影响。但它们对应的相伴概率分别为 0.480 和 0.476，在统计学意义上它们的影响并不显著。关于性别与土地规模变量交互作用的部分，其离差平方和和均方分别为 1.572 和 0.786。F 值和相伴概率分别为 0.635 和 0.530，表明它们的交互作用并没有显著影响农户农业科技需求。因此，不同性别农户的土地规模程度对其农业科技需求强度的影响无显著差异。

6.3.2.8　收入对规模经营农户农业科技需求强度的影响

基于农业科技需求强度关于收入的单因素方差分析结果可知，尽管不同收入水平农户的农业科技需求均值存在一定数值差异，但各种土地规模间农户科技需求差异均不显著。从描述性统计表 6 - 27 可知，年收入在 5 万～10 万元农户的采纳意愿强度均值为 3.77，最高，年收入在 10 万～15 万元的农户意愿强度次之，年收入小于 2 万元的农户对新科学技术采纳意愿最低，为 3.38，整体则呈正态分布。从表 6 - 28 可知，在只考虑单因素收入水平时，则在总变差中，不同收入水平可解释的变差和抽样调查引起的变差分别为 2.024 和 0.553，但从统计学意义上看，方差分析检验 F 值为 1.640，显著性 0.147 大于显著性水平 0.1，表示接受零假设，即农户的收入水平整体对农业科学技术的态度强度不存在显著影响（表 6 - 29）。而具体到不同收入水平农户间，两两分析对比中大、中、小土地规模的农户间关于农业科技需要强度的差异均不显著（表6-30）。

表6-27 不同收入下的农业科技需求强度描述性统计

收入（元）	样本数	平均值	标准差	标准误差	平均值的95%置信区间		最小值	最大值
					下限	上限		
<2万	64	3.38	1.175	0.147	3.08	3.67	2	5
[2万，5万]	242	3.62	1.151	0.074	3.47	3.77	2	5
(5万，10万]	243	3.77	1.043	0.067	3.64	3.9	2	5
(10万，15万]	236	3.69	1.146	0.075	3.54	3.84	2	5
(15万，20万]	70	3.57	1.111	0.133	3.31	3.84	2	5
>20万	88	3.56	1.038	0.111	3.34	3.78	2	5
总计	943	3.65	1.113	0.036	3.58	3.72	2	5

表6-28 农业科技需求强度关于不同收入的单因素分析

			平方和	自由度	均方	F	显著性
组间	（组合）		10.120	5	2.024	1.640	0.147
	线性项	未加权	0.553	1	0.553	0.448	0.503
		加权	0.157	1	0.157	0.127	0.721
		偏差	9.963	4	2.491	2.018	0.090
	组内		1 156.398	937	1.234		
	总计		1 166.517	942			

表6-29 主体间效应检验

源	Ⅲ类平方和	自由度	均方	F	显著性
修正模型	18.653a	15	1.244	1.004	0.448
截距	4 385.228	1	4 385.228	3 541.451	0.000
规模	4.539	2	2.270	1.833	0.161
收入	5.184	5	1.037	0.837	0.523
规模×收入	7.191	8	0.899	0.726	0.669
误差	1 147.864	927	1.238		
总计	13 730.000	943			
修正后总计	1 166.517	942			

$R^2 = 0.016$（调整后$R^2 = 0.000$）。

表 6-30　不同收入间农业科技需求强度两两比较分析

	(I) 规模	平均值差值 (I−J)	标准误差	显著性	95% 置信区间	
					下限	上限
图基 HSD	小规模 中规模	−0.16	0.087	0.158	−0.36	0.04
	大规模	−0.09	0.099	0.631	−0.32	0.14
	中规模 小规模	0.16	0.087	0.158	−0.04	0.36
	大规模	0.07	0.089	0.717	−0.14	0.28
	大规模 小规模	0.09	0.099	0.631	−0.14	0.32
	中规模	−0.07	0.089	0.717	−0.28	0.14

在此基础上，为了分析不同收入水平间不同土地规模农户对农业科技需求影响是否存在差异，本研究进行了多因素方差分析。关于多个变量对观察变量的独立作用部分，土地规模贡献的离差平方和为 4.539，均方为 2.270。收入水平贡献的离差平方和为 5.184，均方为 1.037，可见不同收入水平比不同土地规模的影响更大。但它们对应的相伴概率分别为 0.161 和 0.523，没有通过 10% 水平下显著性检验，所以它们的影响在统计学意义上不显著。关于收入水平与土地规模变量交互作用的部分，其离差平方和与均方分别为 7.191 和 0.899。F 值和相伴概率分别为 0.726 和 0.669（表 6-29），从统计性数据来看它们的交互作用对农户农业科技需求并没有显著影响。因此，不同收入水平农户土地规模程度对其农业科技需求强度的影响无显著差异。

6.4　土地规模经营农户农业科技需求强度的影响因素分析

6.4.1　基于新科技需求率的土地规模经营农户农业科技需求强度分析

根据前文计算公式，应用新技术投入率这个指标来反映农业技术需求强度，考察新疆各地区农户农业科技需求状况。通过对调研数据的整理计算，得出各地区的新技术投入率，如表 6-31 所示：

表 6 - 31　样本地区新技术投入率

地区	新技术投入率（%）	地区	新技术投入率（%）
乌鲁木齐市	35.4	巴音郭楞蒙古自治州	36.7
吐鲁番市	22.00	博尔塔拉蒙古自治州	46.10
哈密市	33.6	阿克苏地区	53.50
昌吉回族自治州	38.7	喀什地区	41.60
伊犁哈萨克自治州	46.4	和田地区	52.50
塔城地区	60.7	石河子市	48.80
阿勒泰地区	59.1	阿拉尔市	59.80

首先，通过计算，根据各被调查地区的农业科技需求强度的大小，塔城地区的农业科技需求强度为 60.7% 居首位，吐鲁番市 22%，在被调查地区中最低。其中，农业科技需求强度高于 50% 的地区为塔城地区、阿勒泰地区、阿克苏地区、和田地区、阿拉尔市；农业科技需求强度介于 50%～40% 的地区为伊犁哈萨克自治州、博尔塔拉蒙古自治州、喀什地区、石河子市；农业科技需求强度介于 40%～30% 的地区为乌鲁木齐市、哈密市、昌吉回族自治州、巴音郭楞蒙古自治州；农业科技需求强度低于 30% 的地区为吐鲁番市。

塔城地区农业科技需求强度最大，其农业外向型发展战略起到了很大的带动作用。塔城地区作为新疆的农业发展大区，近年来大量农业龙头企业和农业合作社利用当地资源，实现了快速发展，并大力发展特色产业和产品，形成了产业规模，主要农作物实现了规模化耕种，在农副产品大量外销的基础上，形成区域性主导产业和特色产品。但是面对新形势和新要求，塔城地区的农业科技创新与推广工作并不适应，塔城各地的农技推广机构功能弱化、系统失效，不同程度地出现了结构不合理、人员不到位、管理不规范、保障不足等问题，导致新技术投入率不高。因此，塔城地区农户的农业科技需求强度显著高于其他地区，农户普遍需要农业新技术来适应农业发展的需求。

吐鲁番市农业科技需求强度在被调查的所有区域中最小，可能的原因是：吐鲁番市属于极端干旱区，水资源天然稀缺，是一个生态高度敏感区，绿洲农业生态环境先天不足；同时，吐鲁番市还受区位条件的限制，包括干旱区绿洲的封闭性所带来的绿洲内市场狭小、分散、运输成本的增加以及地域分散的缺陷等因素都制约了其农业发展。因此，该地区社会技术条件的发展受到了一定的制约，导致农产品市场发育程度较低。由此带来的是基于新技术需求的农业科技需求强度的偏低。

其次，从地域来看，新疆的农业科技需求与农业技术的可达性之间没有显著的相关关系，即不存在技术扩散源与农业技术需求强度之间的相关关系。究其原因，新疆地域广阔，区域与区域之间由于距离较远使得地区分布较为分散，因此，增长极或处于中心位置的地区数量较多并分布较为分散，未能产生明显的扩散效应来带动周边地区的发展。

通过对新疆各地区整体基于新技术投入率的农业科技需求强度的分析，本研究继续试图对样本农户农业科技需求强度的描述性统计、比较均值分析，我们可以对不同类型样本农户农业科技需求强度进行判断与分析（表6-32）。

表6-32 不同类型农户间农业科技需求强度描述性统计

分组变量	分组	平均值	最小值	最大值	样本数	标准差	峰度	偏度	ANOVA显著性
南北疆	北疆	48.21	0.00	93.00	525	17.78	0.22	0.47	0.00
	南疆	51.81	2.00	100.00	418	16.77	0.55	0.29	
兵团	0	49.40	0.00	93.00	803	17.54	0.18	0.37	0.09
	1	52.13	10.00	100.00	140	16.62	1.14	0.48	
规模	小规模	47.86	5.00	91.00	264	16.07	0.39	−0.55	0.09
	中规模	50.81	0.00	100.00	435	18.00	0.14	0.59	
	大规模	50.12	10.00	93.00	244	17.68	−0.01	0.66	
性别	0	50.04	0.00	100.00	191	16.30	0.89	0.50	0.84
	1	49.75	2.00	100.00	752	17.71	0.18	0.35	
年龄层（岁）	<45	48.90	0.00	100.00	407	17.31	0.25	0.26	0.37
	45~59	50.24	2.00	100.00	487	17.46	0.30	0.42	
	60~74	52.56	20.00	93.00	39	17.66	0.02	0.64	
	>74	54.50	35.00	100.00	10	19.20	3.00	1.54	

（续）

分组变量	分组	平均值	最小值	最大值	样本数	标准差	峰度	偏度	ANOVA 显著性
文化程度	不识字或识字很少	43.35	19.00	88.00	121	11.11	1.94	0.91	
	小学	50.42	0.00	100.00	231	20.10	−0.05	0.16	
	初中	52.39	5.00	100.00	410	18.42	−0.12	0.25	0.00
	高中或中专	48.25	14.00	80.00	107	12.76	0.16	0.35	
	大专及以上	46.34	13.00	90.00	74	13.42	1.10	−0.10	
收入（元）	<2 万	50.78	5.00	91.00	64	18.10	1.06	−0.87	
	[2 万，5 万]	48.74	0.00	87.00	242	16.74	0.32	−0.32	
	(5 万，10 万]	47.44	5.00	100.00	243	12.59	1.84	0.43	0.00
	(10 万，15 万]	47.44	19.00	100.00	236	16.63	0.48	1.00	
	(15 万，20 万]	49.93	2.00	80.00	70	18.04	−0.64	−0.32	
	>20 万	64.80	19.00	93.00	88	23.75	−1.52	−0.21	
全样本		49.80	0.00	100.00	943	17.42	0.29	0.37	

　　一般来说，不同地区农户农业科技需求强度会存在差异。从统计结果来看，南疆地区农户科技需求强度均值为 51.81，高于北疆农户，但数值差异不显著，且南疆地区农户科技需求强度标准差较小，说明内部差异小于北疆地区农户。但从显著性来看，ANOVA 显著性水平 0.00 显著小于 0.05，此时，有理由拒绝原假设，认为地区因素对农户农业科技需求强度产生了影响，南北疆农户农业科技需求强度均值是不等的、存在差异的。从样本农户是否属于生产建设兵团来看，104 个生产建设兵团样本农户农业科技需求强度最大值为 100，最小值为 10，而非生产建设兵团样本农户农业科技需求最大值为 93，最小值为 0，49.40 的平均值也低于兵团农户，但是 ANOVA 显著性来看，显著性水平 0.09 大于 0.05，无法拒绝原假设，我们认为两组间均值不存在显著性差异，即兵团因素没有产生显著影响。

　　从不同土地规模农户农业科技需求来看，中规模土地样本农户农业科技需求强度最高，为 50.81，大规模土地样本农户次之，小规模土地农户均值为 47.86 最低，数值差异不大。且从 ANOVA 显著性水平来看，概率 P 值为 0.09 大于显著性水平 0.05，我们无法拒绝原假设，不同土地规模农户间农业科技需求差异并不显著。从不同性别农户来看，男性样本农户显著多于女性样本农户，但两组农户农业科技需求强度均值差异不显著，显著性水平0.84 远大于 0.05 的显著性水平，因此性别因素对规模农户农业科技需求强度影响差异不显著。

不同年龄层农户的农业科技需求强度一般来说会存在差异。从样本农户年龄层分布来看，样本农户多为 59 周岁以下年龄层，平均年龄不大。但是45 周岁以下年龄层农户农业科技需求强度均值为 48.90，在各年龄层中最低，这与青壮年劳动力多外出务工，更多地从事非农工作有关，而农业科技需求强度最高的为 74 周岁以上年龄层农户，达到 54.40，农业科技需求强度呈按年龄层递减的态势，但从显著性水平来看，0.37 大于显著性水平0.05，说明均值虽存在差异，但各组间整体差异性并不显著。

从文化程度来，不同文化程度农户间农业科技需求强度差异显著。初中文化程度农户需求最为强烈，均值达到了 52.39，而不识字或识字很少的农户则需求最低，均值为 43.35，整体呈现由初中文化水平向两端递减的态势。ANOVA 显著性 0.00 小于显著性水平 0.05，也验证了各组间差异显著，不同文化程度样本农户农业科技需求强度差异明显。

一般来说，不同收入水平农户在农业生产活动中行为会存在差异，从均值来看，不同收入水平农户农业科技需求强度差异明显，年收入 20 万元以上农户均值达到了 64.80，年收入 2 万元及以下农户次之，不同收入水平农户农业科技需求强度呈现明显的两端高、中间低的分布，高收入与低收入农户农业科技需求强度较高，而中间收入水平农户均值相对较低。从ANOVA显著性为 0.00 也看出，各收入水平农户间均值差异显著。

6.4.2 基于新科技需求率的土地规模农户农业科技需求影响因素分析

基于前文分析，为了考察基于新科技需求率的土地规模农户农业科技需求强度影响因素，本研究将对影响农户农业科技需求强度的影响因素进行了回归分析，包括转入面积、技术服务可得性、环境感知、南北疆、家庭总收入以及新技术易用性等 6 个自变量，对因变量基于新科技需求率的农户农业科技需求强度进行逐步回归。另外，为了便于研究，新技术采用率均经过百分数×100 处理。

从回归结果来看，方程整体拟合程度较好，逐个引入变量后，方程 R^2 值不断提高，说明解释程度不断上升，引入变量是模型不可缺少的变量。包括转入面积、技术服务可得性、环境感知、南北疆、家庭总收入以及新技术易用性等 6 个自变量均通过了 5％水平上的显著性检验，即其对农户的农业科技需求强度具有显著影响，如表 6-33、表 6-34 所示。

表 6-33　农户农业科技需求强度影响因素模型整体估计

模型	R^2	调整后 R^2	标准估算的误差	更改统计					德宾-沃森
				R^2 变化量	F 变化量	自由度 1	自由度 2	显著性 F 变化量	
1	0.110	0.109	16.443 73	0.110	116.405	1	941	0.000	
2	0.129	0.127	16.274 34	0.019	20.690	1	940	0.000	
3	0.141	0.138	16.171 57	0.012	12.985	1	939	0.000	
4	0.151	0.147	16.087 38	0.010	10.854	1	938	0.001	
5	0.158	0.154	16.026 29	0.007	8.164	1	937	0.004	
6	0.163	0.157	15.993 65	0.004	4.829	1	936	0.028	1.543

表 6-34　农户农业科技需求强度影响因素逐步回归分析

模型		标准化系数 Beta	t	显著性	平均值的 95.0％ 置信区间		共线性统计	
					下限	上限	容差	VIF
1	（常量）		85.209	0.000	46.838	49.046		
	转入面积	0.332	10.789	0.000	0.170	0.246	1.000	1.000
2	（常量）		18.366	0.000	34.563	42.833		
	转入面积	0.315	10.278	0.000	0.160	0.236	0.986	1.015
	技术服务可得性	0.139	4.549	0.000	1.549	3.901	0.986	1.015
3	（常量）		12.101	0.000	27.307	37.879		
	转入面积	0.316	10.370	0.000	0.161	0.236	0.986	1.015
	技术服务可得性	0.130	4.239	0.000	1.361	3.707	0.978	1.023
	环境感知	0.109	3.604	0.000	0.907	3.077	0.992	1.008
4	（常量）		11.192	0.000	25.301	36.062		
	转入面积	0.312	10.279	0.000	0.158	0.233	0.984	1.016
	技术服务可得性	0.135	4.427	0.000	1.468	3.805	0.975	1.025
	环境感知	0.110	3.644	0.000	0.925	3.083	0.992	1.008
	南北疆	0.099	3.295	0.001	1.408	5.555	0.996	1.004

（续）

模型		标准化系数	t	显著性	平均值的 95.0%置信区间		共线性统计	
		Beta			下限	上限	容差	VIF
5	（常量）		10.523	0.000	23.780	34.683		
	转入面积	0.287	9.123	0.000	0.141	0.219	0.908	1.101
	技术服务可得性	0.139	4.585	0.000	1.558	3.889	0.973	1.028
	环境感知	0.101	3.354	0.001	0.766	2.927	0.982	1.018
	南北疆	0.109	3.604	0.000	1.739	5.897	0.984	1.017
	家庭总收入	0.090	2.857	0.004	0.050	0.267	0.907	1.103
6	（常量）		8.716	0.000	20.528	32.457		
	转入面积	0.279	8.837	0.000	0.136	0.214	0.897	1.115
	技术服务可得性	0.128	4.159	0.000	1.321	3.681	0.945	1.058
	环境感知	0.083	2.666	0.008	0.401	2.636	0.915	1.093
	南北疆	0.114	3.755	0.000	1.900	6.059	0.979	1.022
	家庭总收入	0.085	2.700	0.007	0.041	0.258	0.902	1.109
	新技术易用性	0.071	2.198	0.028	0.141	2.504	0.867	1.154

转入面积对土地规模经营农户的农业科技需求强度具有显著正向影响，即农户转入土地面积越大，农户农业科技需求强度越高，因为农村土地流转有助于解决农村土地利用细碎化及撂荒、闲置等问题，有利于土地资源优化配置和土地利用效率的提高；有利于农民增收和农村经济发展，促进现代农业发展。许多新技术在使用中呈现出显著的规模效应，当农户经营土地面积较小时，往往会因为过高的投入和难以体现的效益而放弃。这与农户扩大土地经营面积的同时增加了对新科学技术的需求、对降低生产成本的迫切要求有关。

技术服务可得性对土地规模经营农户的农业科技需求强度有显著的正向影响，且偏回归系数达到了 2.501，说明农户对技术服务的接受能力越强，其农业科技需求强度越高，这符合现实生活情况，即农户对科学技术的了解和使用越多，其渴望使用新技术的需求也就会越强烈，农户是否得到相关农业技术指导、指导的频率都会影响到农户对新技术的需求情况。

技术服务易用性对土地规模经营农户的农业科技需求强度有着显著的正向影响。在采纳一项农业技术之前，当农户感知技术服务能够满足自己的技术需求，同时感觉自己能够通过一定程度的了解和学习后，不需要付出过高的成本和过多的时间便可以掌握并使用该项农业技术时，农户的技术需求意愿会更加强烈。相反，当农户觉得技术过于复杂，超出自己能力范围时，可能会抑制自己对农业科技的需求。

环境感知对土地规模经营农户的农业科技需求强度影响显著为正，即环境感知越敏感的农户，其对农业科技需求越强烈，这也说明，当农户感知到身边生产生活环境变化时，可能会促使其通过改进生产技术，缓解环境压力，改善生产生活环境。农民对当前农村环境状况的评价与其环境改善诉求息息相关，环境越差，农民的环境保护诉求越高，农民的环境意识水平是解决农村环境问题的关键环节。目前各类新技术的投入与推广，重要的目的便是合理利用资源并保护农村生态环境，农户随着生活质量的提高，对农村生活环境的要求也会提高，当农户感知到生存环境变化并影响到自己的生产生活时，便会相对主动地接受政府引导，积极采纳新技术，以期实现农村生产、生活环境的改善，提高生活质量，这与本研究预期一致。

家庭总收入对土地规模经营农户的农业科技需求强度有着显著的正向影响，即农户的农业科技需求强度会因其支付能力、应对新技术风险的能力等经济能力的提升而增强（霍瑜，2016）。地区因素对农户农业科技需求强度影响最为显著，从回归结果来看，南疆农户农业科技需求显著高于北疆农户，这与南北疆地区发展差异有关，不论是地理位置、交通条件、自然条件、经济发展水平以及农业生产条件等，北疆均优于南疆地区，因此相对落后的发展条件使南疆农户对农业科技需求更加强烈。

6.5　本章小结

本章从农业科技需求强度的内涵及度量出发，基于农户态度和新技术投入率对农业科技需求强度进行测度，并从定性与定量角度对农业科技需求强度进行研究。在此基础上，根据实证调研结果，基于方差分析，分别从土地规模、地区、教育程度、兼业情况、性别、年龄以及收入情况等角度来分析和探讨农户对农业科技知识的需求强度差异，最后，在测算基于新技术投入率的农业科技需求强度基础上，通过逐步回归进行实证分析，对农户农业科技需求强度影响因素进行分析与探讨，主要获得了以下几个方面的研究结论：

（1）在基于农户态度的需求强度测度下，尽管不同土地规模、不同地区农户的农业科技需求强度均值存在一定数值差异，但是仅中小规模的样本组间差异显著；是否属于生产建设兵团、教育程度、兼业情况、性别以及收入情况对农户农业科技需求强度影响差异并不显著，但不同年龄层农户农业科技需求强度差异显著。

（2）利用新技术投入率对不同地区的农业科技需求强度进行了测定，得出塔城地区的农业科技需求强度为 60.7％，居首位，吐鲁番市 22％，在被调查地区中最低，各地区间农户农业科技需求强度差异显著。在此基础上，从不同类型样本农户农业科技需求强度的角度出发，发现不同地区、不同文化程度以及不同收入水平的样本农户间农业科技需求强度差异显著，而不同土地规模、不同年龄层以及不同性别的样本农户间农业科技需求差异不显著。

（3）基于新技术投入率的农业科技需求强度的影响因素分析发现，包括转入面积、技术服务可得性、环境感知、南北疆、家庭总收入以及新技术易用性等 6 个自变量均通过了 5％水平上的显著性检验。其中地区因素对农户农业科技需求强度影响最为显著，南疆农户农业科技需求显著高于北疆农户，这与南北疆地区地理位置、交通条件、自然条件、经济发展水平以及农业生产条件等发展差异有关；此外，转入面积对农户农业科技需求强度影响显著，且方向为正，说明农户转入土地面积越大，农户农业科技需求强度越高；技术服务可得性和技术服务易用性对农户农业科技需求强度有显著的正向影响，农户对科学技术的了解和使用越多且认为越容易获得时，其农业科技需求强度会越高；另外，环境感知越敏感、家庭总收入对农户农业科技需求强度的影响同样不容忽视，农户对身边环境变化越敏感，家庭收入越高，相应的农业科技需求强度也越高。

总的来说，在新疆地区农户农业科技需求强度受影响因素较多，相对复杂，不同样本农户间存在一定差异，且具有明显的地方特殊性，日后需要有针对性地开展一系列农业技术推广工作。

第 7 章　满足土地规模经营农户农业科技需求的对策建议

前述内容分别就新疆土地规模经营现状及新疆农业科技整体发展水平现状、土地规模经营农户农业科技需求行为及其影响因素、需求强度、需求的优先序等方面进行了研究和分析,较为全面系统地分析了规模经营农户对农业科技利用的行为状况。本章作为本研究的落脚点,将在前文分析的基础上,针对造成规模农户农业科技需求不足的深层次原因——新疆农业技术推广和服务体系中存在的问题,结合新疆的区情以及地区社会、经济发展目标,首先构建农业科技需求满足条件的基本思路、目标和原则,在此基础上分别从宏观和微观角度提出满足土地规模经营农户农业科技需求的一系列条件和保障措施,以期为相关政策的制定与完善提供一定的参考与借鉴。

7.1　规模农户农业科技需求未能满足的成因分析

通过前述内容分别对新疆地方土地规模经营农户相关农业科技的需求行为、需求优先序以及需求强度等方面的分析可以看出,虽然相关部门在科技推广过程中取得了不菲成绩,但农户的行为本身存在着诸多不确定性,以及农业技术推广和科技服务体系自身存在的问题等,均成为规模农户农业科技需求未能得到满足的深层次原因,造成这种不足的原因主要表现在以下两个方面:

7.1.1　客观原因

7.1.1.1　成本的制约

农户是否采纳一项新的农业技术,首先来源于自身对新技术使用成本高低的判断。一项新技术的使用成本包含了新技术的购买成本（即技术本身的价值）、了解新技术的信息成本（即交易前的准备工作中投入的时间、人、财、物等）以及交易过程中的中间成本（即讨价还价过程中所发生的费用）等。如果新技术的使用成本过高就会降低农业经营的比较利益，导致农户新技术采用动力不足。

7.1.1.2 公益性和商品性的制约

农业科技本身有公益性和商品性之分，二者的不同之处在于，商品性农业技术的推广是以追求利润最大化为首要目标的。公益性农业技术实质上相当于公共产品，是免费向农户进行传播和推广的，因而具有非排他性和非竞争性。但由于农业推广体系和推广机构中存在一定问题，对公益性农业技术的推广有限；而商品性农业技术在推广过程中要收取一定的技术使用费和服务费，具备私人产品的特征，即技术使用上的排他性和竞争性。在现实的技术市场交易和农业生产中，大多数农业技术和科技成果都是商品性的，单个用户很难做到对某项技术的专有，使得技术的收益难以全部内在化，因而降低了商品性农业技术被采纳的可能性。

7.1.1.3 风险因素的制约

风险因素来源于主观和客观两个方面。主观风险主要反映农户对待风险的态度，客观风险则反映农户采用农业新技术时可能对自身生产造成的不确定性。

农户对待风险的态度可分为风险偏好型、风险中立型和风险规避型三类。这是因为农户的个体差异影响了其风险的承受力和态度。一般而言，农户个体承受能力越差，农业科技需求越低；农业技术的风险性主要体现在技术应用的市场风险（即对新技术的使用效益的高低、新技术生产的农产品的市场价格的高低的趋势判断）和技术使用的风险（即对技术使用可能引发的农户一致性行为的考量，如技术资源过度竞争、农业生产结构趋同等）方面，风险的不确定性越大，对技术需求的制约性越强。

7.1.1.4 信息的制约

信息制约主要是指信息不完备和信息不对称。在信息不完备的情况下，农户对新技术缺乏必要的了解和认识，会放大技术的风险性，错误地估计新技术的投入产出水平，高估成本或低估收益，致使农业技术采用意愿下降；

而信息不对称会使科技含量低的技术商品将科技含量高的技术商品排挤出市场，导致坑农害农事件发生的概率增加，致使农户利益受损，导致农民对农业科技的不信任，从而降低了其购买和采纳新技术的动力，不利于农业科技推广。

7.1.2　主观原因

7.1.2.1　基础设施建设的制约

要建设好农村技术推广体系、急需基础设施建设的完善。现在看来，新疆在农业技术推广机构的数量、科研水平、办公条件方面相比内地省份较为落后。比如，新疆的 900 多所农业技术推广单位，大概有近 80％的推广单位建在乡镇或农村，这些单位的办公条件方面较为简陋，没有足够的经费来支持农业技术的推广。更严重的是，一些农业技术推广单位没有专设办公场所，进而无法制定完善的推广计划。再如，河南、山东等省份建造了不少的农业技术试验田，满足了农业技术的研发和试验的需要，但是新疆的许多乡镇推广机构，仍缺少条件和资金建造试验田，基础设施不健全成为限制农业技术推广的主要原因。

7.1.2.2　管理体制的制约

从管理体制上来说，新疆地方的农业科技推广体制实行的是以自治区政府为主导的模式，在对农业科技推广部门的管理工作中，各农业技术推广机构分属于不同的部门管理，组织化程度相对较低，一体化管理难以实现。农业技术推广工作者的积极性降低，影响了农业科技推广队伍的整体素质。与此同时，管理力度较弱将导致农业技术推广难以在个人中落实，专人负责无法实现，导致农户和农业技术推广部门的联接较为松散，并且存在管理水平较低、服务方面较弱等现象，先进农业技术的推广范围变小了，因而没有完全发挥科技在农业生产中的效力。而且村一级的基层农业科技推广环节比较薄弱，甚至在一些偏远地区的村级机构中出现了"断流"现象。

7.1.2.3　组织机构本身的制约

（1）村级农业技术推广工作者人员不足

当前，从整体来说，很多地方村一级的农业科技工作人员人数几乎寥寥无几，加之基层自治体制下行政人员较多，队伍庞杂，许多村子仍未实现科技推广工作人数的零突破，这种情况直接掣肘了农户科技需求的满足，更谈不上科技推广的效率。新疆更是如此，基层农技推广站点的配套服务设施陈旧，大多还停留在 20 世纪的水平，服务手段也比较落后。此外，新疆地处西北，幅员辽阔，地广人稀，远离内地市场，农产品收获后缺乏成熟的存储、加工、运输的技术指导与配套设施，也使得新疆农民面临农产品销售困难的局面。

（2）农业技术推广服务队伍力量薄弱

很多基层在岗的技术推广人员整体知识水平和技能较低，部分人员缺乏相关的专业知识。而且，专业技术人员以往学习和长时间从事的主要是养殖和种植方面的最基础技术，而农业发展需要的是综合型的人才。同时还了解到，一些地区仅有一名相关的技术人员。整个新疆科技人才队伍的薄弱体现在人员后继乏人，原因是：一方面，外界不是很重视农业科技部门，较少关心农业科技人员，一部分农业科技人员没有钻研相关业务的兴趣。另一方面，体制的不完善也会导致这样的结果。块为主、条为辅的上下级领导关系，是当前乡镇农业科技人员的主要管理模式，从而导致了许多在编的农技人员并不在岗、在岗的农技人员不谋其位的现象。

7.1.2.4　农业科技服务的制约

（1）服务的内容结构不平衡

由土地规模经营农户的农业科技优先序分析可知，农户最需要的是产前和产中环节的技术服务，主要是因为这些技术对农户来说更为实用，技术掌握起来相对比较简单，对农民增收作用也非常大。而农户对于储藏技术、包装技术等产后环节这些服务的需求不多，原因还在于农户难以得到这些技术服务；从地区差异来看，北疆地区更需要的是增产型的技术，而南疆地区的农户更偏向于采用节能、环保型的农业科技，但在实际中农业技术的推广并没有体现出明显的地域差异。

（2）技术服务渠道结构性失衡

当前土地规模经营农户可以通过电视与广播电台、互联网、农业科技推广部门、报纸和杂志、农业科研机构或农业院校的讲座培训、手机短信、邻居亲朋好友、农业企业和农资经销商等方式来获得技术服务。由表 7-1 可以看出，政府、农业科技推广部门、农业科研机构或农业院校等几类比较重要的正规官方农业科技推广平台却没有发挥出必要的作用，说明技术服务渠道出现了失衡。反而是传统的电视和广播成为规模农户获取农业科技的首选渠道，占比 66.7%，这说明电视是最容易最直接获得的渠道，比如 CCTV-7 的军事农业频道每天都播放一定量的农业节目，提供与农业生产相关的信息，而且电视作为大众传播渠道基本不存在获取的难度。第二获取渠道是人际传播，即依靠亲朋好友来获取农业信息和技术，占比 54%，这说明农户获取农业技术的自主性较强。第三是报纸、杂志和图书，占比为 35.9%。排在最后的是农业科研机构或农业院校，仅占 3.6%。究其原因：一方面，农户技术获取一定程度上要依靠政府基层农业科技推广、示范与带动，而新疆由于地广人稀、路途遥远，很多地区农村技术服务和信息的市场化程度较低，地方政府并没有提供足够多且有效的服务机构；另一方面，新疆地域广阔，而农业类院校数量相对较少，不能够全面覆盖所有地区，因此在农业科技推广过程中发挥的作用较小。而且，手机和互联网是现代社会普及率和使用率极高的媒介，但应用率却较低，为 19.7%，充分说明农业信息网络平台建设缓慢，很多地区特别是南疆地区可能还存在信息化平台规模小、质量差，信息资源贫乏，缺乏多样性、专业性、针对性等问题，使得大多数农户仍然处于"信息饥饿"状态，农业科技信息依然是农村最缺乏的资源。因此农户只能依赖传统媒介，如广播电视等来获得服务。

表 7-1　规模经营农户科技的获取渠道

获取渠道	所占比重（%）	获取渠道	所占比重（%）
电视、广播	66.7	农技推广部门	17.5
人际传播（亲朋好友、邻居）	54.0	当地个体经销商	17.5
报纸、杂志、书籍	35.9	农业企业	10.1
政府	24.9	农业科研机构或农业院校	3.6
手机、互联网	19.7		

（3）技术服务的模式比较单一，服务满意度有待提高

新疆土地规模经营农户主要从基层的技术服务站和农业科技推广部门获取技术服务，基层技术服务站和农业科技推广部门是由政府设立的，一部分技术服务直接提供给农户，因此"政府＋农户"是当前农户获得技术服务的

主要模式。这种模式存在一定的不足，形式相对单一，而且这两方的人员一般都在生产第一线工作，给农户提供生产指导。因此这样的服务满足不了农户及时和有效的农业技术的需求。调查研究中将农户对农业科技推广部门和政府部门的服务满意程度和发挥作用的满意程度分为完全不认同、不太认同、一般认同、比较认同和完全认同5个等级进行调查，然后从农业科技信息获取、服务获取、满意度、作用发挥等5个方面进行调查，由表7-2的调查结果显示，目前农户获得的技术服务仍然达不到农户非常满意的程度，容易得到的技术服务正常情况下满意程度会比较高。反映出农户在获得技术服务时会遇到一些困难，想要给农户提供有效的农业技术服务，还需要寻找更好的方式。

表7-2 规模经营农户对不同部门的认同程度

	完全不认同	不太认同	一般认同	比较认同	完全认同
较易获得农业科技信息	1.8	12.9	34.8	32.6	17.9
较易获得农技推广部门及农技人员的服务	2.1	14.3	36.9	35.4	11.3
对农技推广部门提供的相关服务很满意	1.1	15.6	33.3	35.3	14.7
政府在农技推广中发挥了较大的作用	1.8	11.4	35.9	34.7	16.2
政府在改善道路交通及广播电视网络等基础设施方面发挥了较大的作用	1.8	14.7	25.3	37.8	20.4

7.2 满足规模农户农业科技需求的基本思路、目标及原则

7.2.1 基本思路

土地规模化经营和生产是我国现代农业的重要特征和发展方向。本研究认为，建立土地规模经营农户农业科技需求满足条件的目的是促进中国农业的现代化和产业化。农业作为基础产业，虽然是其他产业发展的基础和保障，但农业也具有自身的特点如弱质性、外部性以及多功能性等，让农业生产和经营充满风险性，世界各国特别是发达国家均给予了本国农业大力支持和充分保护，并逐步建立和完善了适合本国农业经济发展和促进农村地区进步的农业科技发展保障体系。当前，在农业国际化趋势越来越大发展的背景

下，农产品、农业科技和信息在不同主体间的交流和交换变得日益频繁，农业科技的地位和作用在农业发展中也日益突出，使得农业科技的使用不再是针对单个农户的技术采纳到应用的独立过程，而应该是一个由农业科技供给、农业科技推广和农业科技被采纳应用组合构成的完整过程。提高农户农业科技应用水平，需要从农业科技供需实现平衡，强化农业科技推广和优化农户农业科技采纳行为入手。因而，机制的建立要以相关的农业科技政策法规为环境保障、以农业科研和信息服务平台为物质保障、以农业科技推广为组织纽带、以培养新型创新型农业人才为关键，为土地规模化经营和生产提供支撑作用。

7.2.2　基本目标

2010 年 3 月，新疆维吾尔自治区人民政府为了认真贯彻中央对推进农村改革发展、加强基层农业科技推广体系建设的精神，专门提出了《关于加快基层农业科技推广体系改革与建设的意见》，该意见把完善基层农业科技推广体系建设、深化改革、促进现代农业发展作为目标，分别从重要性、紧迫性以及总体要求等几个方面对加快基层农业科技推广体系改革建设提出总体要求，并进一步要求理顺管理体制确保职能有效履行、加强队伍建设、提高人员素质、创新运行机制、增强农业科技推广活力、强化支撑保障提升公共服务能力和加强组织领导确保改革建设顺利完成等七个方面做出了明确规定，以保证农业科技推广工作的顺利进行。同时，中央农村工作会议也明确指出，要不断促进农业科技的进步，并且提高对农业的支持保护力度。

因此，在现阶段，无论是新疆各地方还是新疆生产建设兵团，均以切实解决好"三农"问题、推进新农村建设步伐为主要目标，不断加强农业科技支撑体系建设，不能只关注农业科技的单向推广，还要充分考虑农民的多种需求与困难，切实做好关系项目选择、机构设置、编制预算、人员配备等的组织工作，让影响整个改革发展进程的相关部门，如财政、科技、人事、社会保障等部门均积极参与，以期为农业科技推广体系的快速稳步发展提供有力的制度保障以及科技和服务等方面的支持，希望在新型农业科技推广服务体系的建立和完善中，增强农民的主体地位，改变农民被动接受的现状，使农民成为传播农业新型技术的关键一环，在这样的情况下，才可以使得研发的成果更贴近农民的生活，才能更加提高农民对农业科技的使用热情。

7.2.3 基本原则

7.2.3.1 政府主导原则

政府主导原则即指政府在帮助农户接受新型技术的过程中扮演领导核心的角色，发挥主导作用。政府不仅要从宏观上调节控制和管理各农业科技推广组织，使其合理高效运作，而且还需要拨付一定的经费来支持农业科技推广工作的展开与推进。从广义上讲，农业科技推广是一种社会活动，它借助示范、培训等多种手段，将新科学、新技术、新知识、新技能与信息等传播、传递、传授给农民，以期提高农民科学文化素质并借此带动农民增收能力、决策能力等多方面能力的发展。因此，农业科技推广也被纳入农村的社会教育范围，使其具备了公共属性，这种公共物品性质就决定了农业科技推广服务体系建设中需要坚持政府主导的原则。一方面，由于公共物品的特殊性，市场机制决定的公共物品供给量远远达不到帕累托最优状态。如果凭个人之间的交易来试图处理农业科技的供给和使用问题，高昂的成本可能会导致农民因无法支付过高的科技使用成本或无力承担不可测风险而放弃使用农业科技成果，最终使农业生产者的利益遭受损害。另一方面，农业科技服务离不开信息化，而信息化的农业科技服务体系的发展和完善需要通过充足的资金投入来实现，特别是依靠不断对基础设施的大规模累积投入来完成，这就需要政府的大力支持和推动，才能吸引各类农业企业和专业组织逐渐加入到该体系中来。

7.2.3.2 有效性和效益性相结合原则

有效性即农业科技服务要以满足农民和农业生产根本需求为宗旨。在推广新型农业技术的过程中，最后接受和实践技术的主体是农户，这对评价农业技术推广过程的好坏来说十分重要，而且在不同的时间和空间情况下，不同的农民产生的科技需求可能截然不同，比如新疆南北疆的农户由于自然地理环境条件的不同决定了其在农业生产环境和种植结构上的差异。更重要的是，农业科技的需求直接影响着农业科技成果转化情况，因此，农业科技的推广和发展，应该从农民的现实生活状况和农业科技的现况出发，对农户真正需要的农业新技术和新产品进行有针对性的研发，并通过有效快捷的方式向农民进行推广，才可以完全改变以前的单向推广方式，帮助农户更好地实践新型农业技术，从而取得最大的经济效益。

效益性即农业科技服务机构在提供服务的同时也应获得一定程度的报酬。农业科技机构提供农业科技服务和产品的工作是在搜集、整理、加工的基础上完成的，是具有相应成本的，而且服务的内容、形式和深度也有所差异，这就使得农业科技服务有无偿服务和有偿服务之分。当然对于有偿服务也是必须要遵循农业科技服务供给与农民需求有效契合的原则，当农民的实际需求得到满足，农业科技服务部门的价值才能得到更好的体现，即农业科技在适合的条件情况下发挥出最大的效用，从而保证供需双方的既得利益最大化。同时，农业科技服务机构还要遵循机构和管理环节精简的原则，尽可能地降低管理成本，加速信息传递，增强服务的实效性。

7.2.3.3　专业性和社会性相结合原则

专业性即农业科技服务组织要为农产品生产、农业产业发展、农业产业创新以及转变农业发展方式提供专业的科技服务，即以资源节约和生态友好生产为目标，应用知识资本、高质量的人力资本和知识产权，帮助解决农民的后顾之忧，成为农民农业生产技术的坚强后盾。主要涉及三方面内容：一是充分利用当地科研院校及科研院所的科技力量和相关科研平台，充实科技推广力量，推动科研成果的引入，加强科技推广机构在当地科技成果转化以及当地农民和农业企业之间充当的桥梁作用；二是举办农业讲座，将相关的农业科研成果通过实物的方式向当地农民进行展示和宣传；三是完善对基层农业科技推广人员的技术教育，从而加快他们更新农业科技知识的速度，并且完善自身的专业素养和技能。由此可见，农业科技服务组织是由各种社会组织和力量所构成的，即社会性的体现。

现代农业产业涉及范围较广，包含生产、加工、销售等多个环节，使得科技服务需求相应也表现出多样化、系列化和全程化的特点，这就必然要求与现代农业发展相关联的各级农业科技推广和服务部门、农业科研单位及院校、种养殖大户或技术能人、家庭农场以及专业合作社等力量的全员参与，而仅凭国家科研机构和科技推广部门个体的力量是难以完成的。同时，农业科技服务业本身就属于辅助行业，具有社会属性，需要上述各方的广泛参与和支持才能有效建立起一个形式多样、内容丰富的现代化农业科技服务体系。

7.2.3.4 产业化和信息化相结合原则

农业科技服务组织作为能够独立行使民事权力、承担民事责任、履行民事义务的产业实体，该产业以实现农业效益为目标，以农业发展需求和农民技术需求为导向，其他科技推广机构以及科研院所作为前向联系，可以为农业科技服务组织提供技术后盾，相关联的涉农企业作为后向联系，可以为农业科技服务组织提供农产品供应服务或科技服务组织，三者共同构成了农业科技服务组织这个大的产业集合体。

随着进入以计算机、多媒体技术和通信卫星技术为特征的信息技术时代，传统的农业科技服务方式和理念备受挑战，为了更好地适应农村的战略性调整并有效推动地方农业经济发展，在当今背景下农业科技服务机制的构建必须以信息技术为支撑和核心，联合并整合资源，打造农业科技信息化服务平台，如建立农业技术信息系统、市场信息系统、农业专家系统等，专门进行农业信息收集、发布以及咨询服务等，积极为农民和涉农企业提供来源可靠、及时有效、内容丰富、形式多样的科技服务。

7.3 满足规模农户农业科技需求的政策框架及其构建

7.3.1 宏观政策制度建设

7.3.1.1 明确经营性农业科技推广机构的属性和职能

2012年8月，全国人民代表大会常务委员会《关于修改〈中华人民共和国农业科技推广法〉的决定》中，提出"公益性推广与经营性推广分类管理"，并对这两种农业科技推广机构属性进行了明确界定："公益性和经营性推广应分类进行管理，各级的农业科技推广机构是公共服务机构，具有公共属性，应履行公益性职责，并无偿提供技术指导和服务，而经营性职能由国家公益性机构之外的部门负责。"由此看来，法律对公益性推广机构的性质、职能和职责界定比较明晰，特别是农业技术推广法第十一条，分别从七个方面界定公益性质的农业技术推广机制的服务范围。

存在的问题是，营利性质的农业技术传播推广机构的相关责任并没有在推广法中得到详细的解释。原因在于，一是经营性农业科技推广机构的组织形式较为灵活。不仅包括营利性单位或组织，也包括非营利性组织。二是经营性农业科技推广机构的经营主体涵盖面广。其经营主体既包括农民专业合作社、涉农企业，也包括农业科研机构和农业科研院校。而作为经营性质的主体，其最终的目标是追求利润，这会影响人们对农业科技推广工作的认知和态度，致使一些坑农害农行为的出现，限制农业科技成果帮助农户提升经营实践的能力。要想解决该问题，首先要根据法律完善农业科技市场的建设，规范经营主体的市场行为；其次要加强对农业科技推广机构和农业技术本身的资质认证和甄别鉴定工作，对农业科技推广机构的行为进行约束，净化市场经营环境；最后利用国家的行政手段帮助减少转化农业科技成果的流程，帮助新型技术更好地应用于实践。

7.3.1.2　加强农业科技成果的知识产权保护

在技术市场上，很多农业科技成果属于商品性的，而不是公益性的，即必须通过有价转让的方式来获取相应所需科技成果的使用权。而且比起公益性科技成果，商品性技术的丰富性和差异性特征会更加突出，更能多方位地满足不同农民的需求，因而成为化解农业科技供需矛盾的关键。因此，对农业科技成果进行产权保护是有必要的。

由于农业生产存在继起性、顺序性以及乡邻之间特别的技术传播，现实的技术成果使用中可能难以辨识和鉴定侵权行为，继而影响到农业科技的持续创新。为实现农业科技推广机制的顺利运行，可从以下几个方面加以改进：第一方面，加强农业科技知识产权保护方面的立法工作，为产权保护工作创造良好的法制环境；第二方面，将完善农业科技知识产权法律体系作为重要的立法工作，重点帮助把农业的新型种养技术、绿色生产技术等一系列创新技术并入产权的保护范围中；第三方面，要注意产权保护工作的国际接轨问题，减少农产品贸易中的产权摩擦。

7.3.2　组织制度建设

7.3.2.1　农业科技推广机构的变革

根据农业科技推广机构的属性和职能，将推广系统分为公益性和商品性农业科技推广机构。公益性农业科技推广机构以农业推广组织为主，是国家行政机构的一部分，它的组织架构分成若干上下级组织。因此，其变革方向在于：一方面，根据当地农作物种植面积大小、资源情况以及经济条件来决定成立多少个技术推广机构，以及各个机构的构成人员、福利待遇。在情况比较复杂特殊的乡村，可以根据实际情况酌情增加推广机构，满足完成推广任务的基本组织条件。另一方面，依据科学有序、集中力量的原则，合理设置和适当发展村级农业科技机构，由熟悉当地农业情况的种植人员出任机构的组成人员，与此同时，每个村子内都成立科技推广队伍。

而对于商品性农业科技推广机构而言，出于对利润的追逐，市场竞争激烈，各类推广机构之间不但缺乏必要的交流和合作，沟通、配合不力的情况也可能在政府和推广机构中发生，在极端的情况下政府和当地的推广机构之间还会产生互相排斥的恶性现象。因此，要建立对外协调部门，一方面，负责对科技质量与安全进行评价，实现行业内的交流与有序竞争。另一方面，负责与政府农业部门的信息交流和协调工作，发布本机构科技成果的相关参数，尽力实现共赢局面。

7.3.2.2 完善农业科技推广人员工作考核标准

一方面，对于农业科技推广人员来说，平时要高效地做好一般性的技术宣传工作，加速科技成果的商品化进程；另一方面又必须准确地掌握不同农业经营主体的技术需求信息并予以及时反馈和传递，在最大限度上满足了不同农业经营主体对于农业科技的诉求，最终改变农民生产行为，对提高农业发展水平具有重大意义。因为只有通过推广人员的实践，推广工作才能顺利开展，科技成果的传播需要农业科技推广人员的推行和实践。农业推广工作的高标准进行，可以帮助农业技术有更好的推广效率，帮助农户享受技术带来的便利和收益。在这样的情况下，要尤其注意推广人员的专业技能，因为这和技术推广情况的好坏息息相关。所以要对推广人员的专业素质和工作情况进行考核，是为了更好地服务农民、农村和农业发展。首先，要严格审查推广人员技能、学历、职业道德等内容，这涉及推广机构队伍建设的问题。当然，这种资质认定不能"一刀切"，要因地制宜根据实际情况进行，如国家农业科技推广机构的招收人员应有大学本科以上学历，并且是与农业科学相关的专业，并需要拥有国家承认的技能证书。在民族区域等特殊地区，可以通过放宽用人要求的方式来招揽农业人才，帮助地区农业建设。其次，进行业绩考核，建立考核指标体系。但考核的关键和难点在于指标的选择与量化。重要考核指标一般包括科技推广基本状况和入户率，为了方便更好的考量，可进行更深入的划分。可依据推广人员的工作表现及努力程度、使用技术的农民的反馈信息和意见两方面进行衡量。

7.3.2.3　赋新农业科技推广功能，培育重要农户

农业科技推广是促进农业科技研发转化为实际应用的重要中间环节，农业科技推广站担负着向农户推广高效技术、指导与培训农户的任务。首先，加强农业科技推广站农户技术需求评估功能的建设，让推广员进入农村，走近农户，寻找和分析农户的农业技术需求，了解农户技术需求现状和原因，再按需求进行关键、重点的技术推广。其次，根据农户获取农业科技更偏向人际传播途径的特征，对具有科技创新意识和技术应用水平的合作社技术领导者和示范户进行技术培训，发挥他们在科技领域的示范辐射作用，通过以点带面的方式来调动周边普通农户科技种田的积极性。另外，农业科技推广员要定期下乡调研，了解农户技术需求满足情况，解决好农户在种植过程中遇到的难题，并且针对重要农户进行科技素质教育和技术培训。由此，农业科技推广体系具备了农户技术需求评估这项功能，单纯以"技术"作为推广的农业科技推广体系，逐渐重视重点农户的科技文化素质提升，从而使农业科技推广中出现的难题得以解决。

7.3.2.4　按类分段推进科技培训，增强农户科技水平

农户是应用农业科技的主要成员，农户科技素质是农业科技采纳效果的主要影响因素。农民科技水平和能力的提升过程是长期和连续的，由于我国农业现代化发展迫切需要新型职业农民，农民科技培训按类型可以分阶段进行，一种是针对新型职业农民开展的科技培训，一种是针对潜在新型职业农民开展的入职培训。对于当前从事种植业的家庭农场主、科技示范户、种植大户，根据种植类型的不同，通过"短期培训""一事一训"等渠道，开展现代农业理念和科技教育，渐渐转变农民对"三农"的落后理解，完善农民职业知识水平；对于农民的后代还有返乡农民工等潜在新型职业农民，要积极利用返乡时机进行教育培训，提升潜在农民的从业愿望和科技素质。

7.3.3　平台建设

7.3.3.1　基础设施条件建设

基础设施条件涉及推广人员试验条件、服务手段和办公条件三个方面，

其中试验条件是指具备稳固的技术成果试验基地，以保证新技术从集成创新，到试验示范，再到应用推广的每一个阶段都有稳定的平台；服务手段讲求先进且便于使用，主要包含检测检验设备、现代化交通及通信工具等；推广人员办公条件，即各级推广机构拥有独立的办公场所以及相应的图书室、会议室和化验室等。

7.3.3.2 农业科技信息服务平台建设

目前，我国农业科技信息服务平台建设尚处于起步阶段，基层农业科技推广与研发人员对网络基础知识、技术知识的掌握相对缺乏，农村地区的计算机及网络覆盖率普遍偏低。这就要求政府主动开展农村信息服务工作，将重点放在服务平台扩展和信息网络延伸等方面，创新以电视、电话和电脑为终端载体的农业信息服务模式；构建省、市、县三级技术网络平台，用以联结各层级中的农业院校、科研院所和广大用户，以技术信息为对象实现资源共享；积极培育农业科技信息服务人才，化解因人员匮乏而导致的技术网络有效利用不足的矛盾。此外，需对不同农业经营主体应以技术信息应用为主，实施技能培训，从而增强其信息网络的接受能力和使用效率。

除此之外，将建立完整高效的农业信息收集发布机制作为工作的重中之重。我们还要从不同农业经营主体角度来获取需求信息。除此之外，农村互联网建设薄弱这个问题也亟待解决，国家要帮助农村建立完善高效的农村远程教育网络体系来帮助农村地区实现信息化，从而进一步推动农业现代化。

7.3.3.3 研发系统的组织构建与变革

首先，在于改造单纯依靠科研需要而形成的组织架构，在各级研发机构内部增设信息搜集部门，负责整理和反馈农业经营主体的技术需求。再次，在县级以下区域范围内构建大量小规模技术研发组织，用来近距离掌握农户生产动态和技术难题并及时予以解决。最后，商品性研发机构组织变革的根本原因在于更好地获取企业收益，其做法主要包括增加信息搜集的机构数量、提高相关人员工资待遇等。

7.3.4 客体培育

7.3.4.1 农民的培训与指导

农民的充分参与是保证农业科技推广机制顺利运行的关键。因为农民不但是农业生产的主体，也是农业科技的最终使用者和接受者。增加农民的生产技能，对于提升农业资源配置效率，促进农业可持续发展有重要意义。各种类型的农民都应积极主动参与农业科技推广的各个方面，如参与农业科技的试验、示范和确认，具体包括技术诉求的表达，对推广人员和研发人员工作的考评等。因此，对农民进行培训和指导具有重要意义。

（1）加强农村基础教育

农村基础教育不但影响国民经济与社会的发展，更是提升未来农民技术识别能力和需求表达能力的基础。农村的进步与发展要从基础教育入手，发挥其农业现代化建设的基础性和全局性的作用，使整个农村表现出底蕴强大的人力资源优势。鉴于此应进一步强化农村地区九年制义务教育建设，构建多元化的基础教育办学模式（中小学合并或重组模式，名校带动办学模式），改善农村基础教育办学条件，优化教育资源并提高中小学教师福利待遇。

（2）开展农业科技教育活动，帮助农户科学决策

农户的视角较窄、现代农业理念不强、种植与经营不敢轻易创新、技术投资行为不足、看重眼前短期效益的行为，有待改进和引导。所以现代农业和科技宣传教育可以利用电视、手机、广播、宣传栏等媒介，运用新闻、专题等形式大规模地宣传、介绍作物种植经营科学知识，鼓励农业生态可持续发展，增强农户运用农业科技进行种植的理念。与此同时，表彰奖励科技示范户等先进典范，引导新型职业农民参观农业科技示范园、参加科技培训，优化农户科学种植行为，指出农户在选择作物优良品种、使用化肥农药和经营作物种植中出现非理性行为，通过降级处分等形式，进而减少农户非科学种植行为。

（3）开展农村职业技能教育和技术指导活动

职业技能的培养与指导能够迅速提高农民对科技成果的需求采纳意愿，激发技术使用热情，有助于实现农业生产要素的集约化利用。除此之外，需求导向型农业科技推广机制中的异质类农户在技术成果、供给主体和交易方式的选择方面拥有决定权，而这种决定权的形成有赖于教育培训和技术指导。在对农民进行职业技能教育之前需区分不同农业经营主体的知识基础、思维方式和接受能力，依据"实用、实际、实效"原则适时适当地进行分流，采用多种方式和途径有针对性地开展以农业生产经营为内容的农村职业

技术教育。需要强调的是，职业技术教育应具备一定超前意识和现代意识，根据农业现代化发展要求并结合当地实际情况合理设置专业和课程，其目标是提高现有农业从业人员职业能力、职业心理和职业知识素质，以缓解非农就业对农村发展造成的负面冲击。此外，农业科技研发人员和农业科技推广人员要深入生产一线开展现场的技术示范、指导和咨询工作，增加农民有关农业科技的认知能力、操作能力、学习潜力和分析能力。

7.3.4.2　培育农业科技推广人员的成长体系

承担传播新型农业技术的责任者是农业科技推广人员，其技能的提升和队伍素质的提高有助于增加农业科技成果的适用性和科技含量，是实现农业科技供需契合、提高农业科技推广效率的前提和基础。

（1）增加知识储备，提升文化素质

一是专业基础知识，掌握理论性知识和实践性知识有助于农业科技推广人员提升专业素质，更好地为农民服务；二是政策法规知识，学习和理解法律法规有助于农业科技推广人员更好地依法从事农业科技推广活动，并利用推广行为向服务对象宣传国家的法律法规；三是心理学知识，了解和掌握技术应用客体的心理活动，有助于拉近推广人员与农民的距离，提高沟通效果，从而更好地了解农民的技术需求状况；四是农业科技推广知识，能够帮助推广人员准确地分析农民的诉求和问题，辨识技术供需矛盾。上述知识的掌握和学习可以有效增加农业科技推广人员的业务素养，强化推广环节在技术使用和研发中的桥梁作用。

（2）优化成长环境，提升技能素质

一是要构建良好的舆论环境和社会环境，让社会成员提升尊重科技人才的意识，使科技推广人员感受到关心和重视；二是通过加大培训力度、增加实践经验等途径，让农业科技推广人员主动参与生产实践，在实践中提高组织管理、教学实践、问题分析及调查等方面的技能素质，以期能更好地服务于农民；三是营造良好的学术氛围，增加研发人员外出考察和参与国内国际会议的机会，开阔其视野；四是创造良好的人际发展环境，尊重和爱护科技人才，为他们营造一个和谐宽松的人际环境。

（3）适度增加人员数量，壮大科研队伍

扩大农业院校招收规模，积极扩充基层队伍，同时积极进行海外留学人员等高层次人才的引进。农业科技的原始创新能力来源于农业科研队伍自身的实力提升，尤其是基层科研人员的增加有助于筛选有效需求信息，其研制的技术成果才能更好地满足不同农业经营主体的技术需要。

7.4　本章小结

本章内容首先综合了前 3 章关于新疆土地规模经营农户的农业科技需求行为、需求优先序以及需求强度等方面的分析结果，就农业科技推广和服务体系中存在的问题进行了总结，研究结果表明，由于农业技术推广基础设施建设滞后、管理体制不够完善、服务机构数量少、服务队伍力量薄弱等原因，农业科技推广机构、农业技术服务人员、农业经营主体三方的动态关系中存在的不确定性致使产生供需失衡的问题，给农业科技推广体系的建立和发展造成了阻碍。

其次，根据存在的问题构建了满足农业新型技术需求的一系列条件建设：①农业新型技术需求满足条件的基本思路是：以政府为主导、有效性和效益性相结合、专业性和社会性相结合、产业化和信息化相结合等为基本原则；以相关的农业科技政策法规为环境保障、以农业科研和信息服务平台为物质保障、以农业科技推广为组织纽带、以培养创新型农业人才为关键，分别从宏观制度建设和微观政策措施建设两方面，为土地规模化经营和生产提供科技支撑保障。②农业科技有公益性科技和商品性科技之分，两者的差异在于商品性农业科技推广机构主要追求利润最大化，给农民提供指导和服务只是一种方式和手段，主要是为了实现技术商品价值，所以商品性农业科技推广机构发生坑骗农民的事件相对较多，在农业科技推广体系构建过程中需要完善相关监管体系。

第 8 章　研究结论与讨论

前 7 章在明确选题缘起与理论分析框架构建的基础上，以"农业科技体系发展变迁—农户农业科技需求意愿—农业科技采纳优先序—农业科技需求强度"为逻辑主线来构建本研究的理论分析框架，系统地研究了新疆土地规模经营农户的农业科技需求问题。本章在概括主要研究发现的基础上对相关研究进行总结，进而提出研究的不足以及可期的研究方向。

8.1　主要结论

主要研究工作及结论如下：

（1）建立健全农业科技体系与推广制度是推动农业发展的必经之路，其发展变化是创新型国家战略导向下的创新与调整

2018 年 2 月 4 日，中共中央 1 号文件《中共中央　国务院关于实施乡村振兴战略的意见》（简称"乡村振兴战略"）发布，这是自改革开放以来第 20 个持续关注"三农"工作的中央 1 号文件。从中不难看出，科技兴农是夯实农业发展基础、提升农业发展能力的必经之路。实施科技兴农是促进农业、农村发展、促使农民增收的重要途径。农业科技体系作为科技兴农的基础，我国的农业科技体系发展在中华人民共和国成立后经历了以计划经济体制为导向→以市场经济体制为导向→以创新型国家战略为导向转变的三个变迁阶段。由于历史上各个发展阶段生产力水平的差异、政治经济以及文化的迁移变化，其内容和形式也有所不同。但改革实质都是围绕农业发展展开，充分体现了"市场导向"和"政府调控"的结合，反映了政府对农业科技发展认识水平有了长足的发展。国家也在实践中深刻地意识到农业科技推广体

制是科技兴农的制度保障。农户的农业科技需求行为也会随着时代的发展发生改变，并受到相应体制、政策的影响。

（2）随着农业经济进一步发展以及土地流转制度的实行，新疆土地规模化经营的程度越来越高，为整体实现规模化经营奠定了良好的基础，但也要注意适度规模问题

近些年，新疆通过向中东发达地区借鉴土地规模经营成功的经验，在此基础上结合自身发展的农业区位条件，不断探索，摸索适合新疆地区土地发展的模式，并不断改进、完善，为整个西部地区提供了可供借鉴的蓝本。这些模式主要是以土地适度规模经营为核心，即土地转入主体通过土地流转将分散、细碎的土地连片经营，进行农业生产。发展土地适度规模经营有利于提高土地产出率进而促使农民增收。因此，新疆通过提高农业机械化水平，健全农业保险政策，加快农业科技推广等政策和措施的实施，大力推进土地规模化的进程；新疆规模经营者总体素质相对较高。一是相对年轻。30～50岁之间的经营者数量居多，占比达到 77.7%。二是普遍有着较为丰富的农业生产经营经验。根据样本统计，有 5 年以上的农业生产经营履历的经营决策关键人占比高达 96.1%，而农业种植经验高达 20 年以上的占样本总体的53.9%。三是经营者的素质普遍较高，文化水平达到初中及以上水平的经营者占比 57.3%，其中 5.2% 的经营者具有大专及以上学历。同时，接受过相关的农业技能培训或者经营指导的经营者占到了 44.1%；经历长期艰苦的实践，现在多种土地经营形式在新疆已经建成，其中主要包括家庭农场、公司化经营等形式。在新疆的多种土地模式中，最常见的模式是家庭农场，这是依靠农户和农户之间自主性质的土地流转形成的，政府的帮助也促成了这种模式的形成；而农民专业合作社也在快速发展，一定程度上实现了分散经营的小农户与大市场的对接，增强了农民防范市场风险的能力，鼓励其到市场参加竞争，缓解农户在融资贷款上的困难，助推了农业的规模经营，促进农业技术的推广应用；土地股份合作社数量相对较少，主要集中在北疆经济较发达地区，其发展离不开内外部的有效督促和监管，在这样的情况下，可以帮助减少"寻租"的发生；采用公司形式进行经营的农业规模化经营相对较少，但它可以最大限度降低产品的生产成本。但要注意的是，土地规模化经营中农户种植规模与其收益并非完全线性正相关，因此这就要求农户在适

度规模经营基础上，合理配置土地与其他生产要素的投入，引进符合技术经济要求的生产技术与机械设备，从而降低单位成本、增加农业收入，实现经济效益最优目标。

（3）近 10 年来，新疆的农业科技全要素生产率略有增长，高于我国 31 省平均全要素生产率变化水平，但由于新技术开发与应用的不足，表现出高科技投入，低技术进步的构成特征，使得新疆农业科研机构的科技活动呈现出投入较高但产出增长缓慢的现状

在科技投入方面，不论资本投入还是人员投入，都呈现出逐年上升的趋势，并且已实现了较高的投入水平。在资金方面，2015 年，农业科研机构科技活动经费达 7.56 亿元，高于全国平均水平，基本建设完成额 5 673.4 万元，固定资产 8.53 亿元，均在西北地区处于领先地位，政府资金是科技活动资金的主要来源，且逐年上升。在人员方面，2015 年新疆农业科研机构从事科技活动人员为 2 358 人，高于全国平均水平，且科研人员素质呈现逐年提高的趋势；在科技产出方面，专利受理数呈现波动上升的趋势，并在 2015 年达到 271 件，略高于全国平均水平，但在西北五省农业科研机构专利受理数中的占比明显下降。对于其他专利指标，如专利授权数以及有效发明专利数，虽然都处于上涨状态且高于全国平均水平，但增速不及西北五省的总体水平。2015 年，新疆农业科研机构科技论文发表 847 篇，未及全国平均水平，科技著作出版数则与之相反，2015 年出版科技著作 39 种，显著高于全国平均水平。但生产率的增长主要来源于效率的变化，可能来自于政府的支持力度增加以及人员素质的提高，技术进步对生产率变化起到负向拉动作用，说明新疆农业科研机构对新技术的开发和利用仍然不足。

（4）基于对土地规模经营农户已有的统计调查资料显示和相关实证分析表明：新疆地方农业科技推广体系中存在一定程度上的需求和供给不平衡的现象。因而需要创立一套将需求作为导向的农业科技推广机制来应对发展过程中可能出现的一系列问题

在我国农业发展的过程中，高效的农业科技推广体系，是贯通农业技术供给和农户技术采纳的桥梁，是支撑中国农业可持续发展的重要保障。虽然近 10 年新疆地方政府在农业科技推广中投入了大量的人力、物力和财力，

但由于农户对农业科技的需求与日俱增，又未能在政策实施过程中针对存在的差异性做出及时调整，特别是技术服务内容和技术服务渠道结构性失衡问题未得到解决，凸显了农技推广服务的不足，阻碍了基层农技推广。因此，对农业科技推广模式进行创新是提高基层农技推广服务能力的途径。面对基层农技推广服务转型的新形势，创新农技推广服务模式有利于提升基层农技推广的能力，也有利于发展现代农业。构建需求导向型的农业科技推广机制，并且为了确保其能有效发挥作用，相应地构建由制度保障（包括建立健全适宜的法律法规、政策制度）、组织保障（推广系统、农户系统和研发系统的组织构建与变革）、人力资源保障（农民人力资源开发、推广人员成长体系培育、研发人员人力支持）、物质保障（信息网络平台建设、基础设施建设）等组成的支撑体系。

（5）土地规模经营农户的农业科技需求意愿较高，且随着土地规模的逐渐增大，科技利用意愿逐步增强，存在组间差异，但差异不显著；存在差异的原因主要是由采用新科技的成本收益造成的，同时还受到农户的自身素质、农户家庭特征、农业技术推广组织及市场服务体系等的影响

实证结果表明：新疆的规模种植农户对农业科技知识的需求相对较大。不同性别间农业科技知识需求强度存在显著差异，女性需求强度较弱；伴随农民年龄的增加，其对农业科技知识的需求强度呈现出下降的趋势；受教育水平不一样的农户家庭对于农业科技有着不同程度的需求；不同经济水平的农户家庭关于农业新型技术的需要程度不尽相同。为了提高农民对科技知识的需求强度，需要在政策上充分认识农民的群体层次差异，针对不同类型农民选择不同的传播渠道；对不同层次的科技知识使用不同的传播路径；在农业科技知识传播中关注农民中的弱势群体，比如女性农民、年龄较大的农民和文化程度较低的农民，选择他们感兴趣的、容易接受的科技知识进行传播。

（6）农户的科技选择行为会受到多种因素的影响，影响因素不同农户的具体需求就不同，因而做出的可能性选择就不同，使得科技被选用的先后次序也会发生不同变化。因此，土地规模经营类型不同，农户的农业科技需求优先序不同

根据实证分析可以得出：一是不同的农户对各项技术会根据自己的需求

和偏好做出不同的选择。根据既定技术的调查结果，第一位选择最多的是测土配方施肥技术，第二、三位最需要的都是秸秆还田技术，第四位最需要的是抗旱节能关键技术，第五位最需要的是高效节水灌溉技术。二是从不同地区规模经营农户对农业技术需求的排序来看，不论规模农户身处北疆、南疆区域范围从事农业劳作，测土配方施肥技术是全区农户最需求的首选农业科技成果。区别在于，北疆的农户更需要的是高效节水灌溉技术、沼气技术、秸秆还田技术和病虫害绿色防控技术；南疆地区的农户则更需要沼气技术、高效节水灌溉技术、抗旱节能关键技术和保护性耕作技术。三是在研究了不同年收入家庭的技术意愿的排序之后，可以看出测土配方施肥技术是目前最迫切需要的技术，这在不同收入水平的农户家庭间无差异。不同之处在于，高效节水灌溉技术是低收入组和中等收入组的第二位的需求，而高收入组则更倾向于对沼气技术的需求；沼气技术是低收入组和中等收入组的第三位的需求，而高收入组则对病虫害绿色防控技术有更高的需求，沼气技术是中等收入组和高收入组的第四位的需求，而低收入组选择的是保护性耕作技术；在对第五类科技成果类型的需求中，低收入组选择的是秸秆还田技术，中等收入组选择的是保护性耕作技术，高收入组则选择了抗旱节能关键技术。四是从不同教育程度规模经营农户农业科技需求的排序来看，所有农户当前急需的农业科技几乎都是测土配方施肥技术、高效节水灌溉技术、沼气技术、保护性耕作技术和秸秆还田技术，而且这种需求表现在高中及以上文化程度的农户中最为明显。不同的是，从受教育程度分组来看，不识字或识字很少的农户对病虫害绿色防控技术有较高需求，而相比高效节水灌溉技术，小学文化程度的农户更需要沼气技术。总体而言，大多数农户最关注的是产前和产中环节的农业技术，而对产后技术需求较少。

（7）土地规模经营农户的农业科技需求强度较大，农业科技需求强度的大小综合受个体的性别、年龄、教育程度和家庭的收入及收入结构等因素影响；不同地区土地规模经营农户的科技需求强度差异明显

一是从农业科技需求强度的内涵及度量出发，基于农户态度和新技术投入率对农业科技需求强度进行测度，在基于农户意愿的需求强度测度下，尽管不同土地规模、不同地区农户的农业科技需求强度均值存在一定数值差异，但是仅中小规模的组间差异显著；是否属于生产建设兵团、教育程度、

兼业情况、性别以及收入情况对农户农业科技需求强度没有显著影响,而不同年龄层间农户的农业科技需求强度存在显著差异。二是利用新技术投入率对不同地区的农业科技需求强度开展测定,得出塔城地区的农业科技需求强度为 60.7%,位居首位,吐鲁番市 22%,在被调查地区中最低,各地区间农户农业科技需求强度差异明显。在此基础上,从不同类型样本农户农业科技需求强度的角度出发,发现不同地区、不同文化程度以及不同收入水平的样本农户间农业科技需求强度差异显著,而不同土地规模、不同年龄层以及不同性别的样本农户间农业科技需求差异并不显著。三是基于新技术投入率的农业科技需求强度的影响因素分析发现,包括转入面积、技术服务可得性、环境感知、南北疆、家庭总收入以及新技术易用性等 6 个自变量均通过了 5%水平上的显著性检验。其中地区因素对农户农业科技需求强度影响最为显著,南疆农户农业科技需求显著高于北疆农户,这与南北疆地区地理位置、交通条件、自然条件、经济发展水平以及农业生产条件等发展差异有关;此外,转入面积对农户农业科技需求强度影响显著,且方向为正,说明农户转入土地面积越大,农户农业科技需求强度越高,技术服务可得性和技术服务易用性对农户农业科技需求强度有显著的正向影响,农户对科学技术的了解和使用越多且认为越容易获得时,其农业科技需求强度会越高;另外,环境感知、家庭总收入对农户农业科技需求强度的影响同样不容忽视,农户对身边环境变化越敏感,家庭收入越高,相应地农业科技需求强度也越高。总的来说,在新疆地区农户农业科技需求强度受影响因素较多,相对复杂,不同样本农户间存在一定差异,且具有明显的地方差异,日后需要有针对性地开展一系列农业技术推广工作。

8.2 讨论

8.2.1 研究不足

本研究旨在对土地规模经营农户农业科技需求及相关问题展开研究,在借助众多学者和前人研究成果的基础上探讨和分析了规模经营农户的农业科技需求现状、行为,继而以新疆作为典型区域,以规模经营农户农业科技需求行为分析为研究视角,在厘清土地规模经营农户经营现状、科技需求行为的动机分析的基础上，系统地分析了土地规模经营农户的科技需求行为机理，并对农业科技需求强度、农业科技需求优先序、农业科技需求的影响因素等展开探讨研究。结合国外农业科技推广中的优秀做法，根据实际情况找到可以满足不同土地规模农户的技术需求的条件。总体而言，笔者虽竭尽所能将研究做得深入、细致，但受限于研究数据获取与个人能力水平，本研究难免存在一些缺陷与疏漏，主要体现在以下三方面：

一是对农户农业科技需求强度的测算方法有待改进，量化精准度有待进一步的提升。基于相关学者的研究量化方法，王国辉（2010）以杨凌农业高新产业示范区为典型个案，从性别、年龄、文化程度、家庭收入等方面对农民农业科技知识的需求强度进行了研究；刘淑娟（2014）基于价值角度，将农户对农业技术的需求强度用"新技术投入率"指标衡量，并借助聚类分析对技术投入率和到技术源距离两个变量做双侧相关性分析；而龚三乐（2010）则选取经济社会发展综合水平、产业发展水平和科技发展水平 3 个一级指标以及相应的 16 个二级指标，构建了区域科技需求强度的综合评价指标体系并使用这一指标体系对北部湾经济区科技需求强度进行评价。鉴于此，本研究亦采用分类研究以及运用"新技术投入率"来衡量新疆不同地区农户在农业科技的需求强度上的差异，因此在研究方法上存在一定的合理性。但是由于新疆地域广阔，而且南北疆经济发展具有一定的差异性，未能建立起一套综合指标体系来对不同地区间农户农业科技需求进行更为精确的计算和度量，由此可能会高估或低估某些地区农户的科技需求强度。

二是在分析农户农业科技采纳行为时被解释变量涉及面有限，未曾系统涵盖表征各类农业科技。虽然本研究在微观实证部分选择二元 Logistic 回归模型来研究不同土地规模的农户在农业科技的需求上的差异及其影响因素，而且也能依据实际得出合理的结论，但仅从干旱区农业视角出发，选择了生态友好型农业技术中的抗旱节水节能技术来进行考察，而对后期测算时认为农户较为偏好的测土配方施肥技术、病虫害绿色防控技术、高效节水灌溉技术等技术未涵盖其中，因此也难以全面网罗各类对农户在生态友好型农业技术使用上起作用的关键因素。本研究全面考察的生态友好型农业技术之所以较少，主要是因为新疆地域广阔且分散，种植业发展的形式和种类各不相同，同时又受到笔者自身能力的影响没有足够的精力对相关技术进行全面的了解和认识，故而在问卷设计中难免会出现疏漏，进而一定程度上影响了最终的实证分析的结果。因此，有关技术利用意愿的研究有待进一步的深入与完善。

三是从研究性质来看，整体研究主要以宏观研究为主，对一些具体指标进行剥离的程度不够。在一定程度上忽略了各种农业科技有效供给主体、农户信息接收的渠道来源、科技使用的具体环节（如产前、产中抑或产后）等与规模经营农户农业科技采纳意愿之间的关系。当然，基于研究的整体设计以及预期达到的研究目标，研究结合不同的区域划分、不同的划分类型，如研究中以农户个人基本特征、教育程度、家庭总收入、不同种植规模等对农户农业科技需求强度从定性和定量的角度分别进行了统计分析，也得出了符合现实的结论，但后文中并没有以具体的科技提供主体为例，分析农业科技提供主体的相应供给方式方法以及给农户带来的效应。所以，在今后的研究中，针对具体微观创新主体的研究有待进一步完善。

8.2.2　研究展望

本研究以新疆为典型区域，以土地规模经营农户为研究对象，从不同角度对不同类型的规模经营农户的农业科技需求问题进行了较为全面系统的研究。首先运用 Logistic 回归模型探讨和分析了不同类型土地规模经营农户在农业技术上的采纳意愿差异，以及造成差异的影响因素。然后，用聚类法从农户分化的角度分析了土地规模农户农业科技需求优先序问题。并用"新技术投入率"对农业科技需求强度进行了测算，借助方差分析对不同类型土地规模经营农户的农业科技需求强度进行研究，并通过逐步回归对规模农户的农业科技需求强度影响因素进行了实证分析。最后提出了更好地满足规模农户农业科技需求的一系列支撑条件。所得结论对完善农业科技推广方面的研究具有一定的积极意义。但"新技术投入率"的测算相对笼统，未能清晰体现新要素对农业科技发展的推动作用，在未来的研究中有待进一步明确与补充完善。

针对本研究存在的不足之处，未来拟将围绕两个方面继续做进一步的分析。一是对需求强度测度内容的扩展和细化。拟基于"新技术投入率"的五大因素——新品种、新农药、新肥料、新机具以及新技术等，对土地规模农户的农业科技需求强度进行翔实的投入产出效率分析以及优先序分析，对五大因素的重要程度进行研究。二是尝试构建农户科技需求强度的综合评价指标体系并使用这一指标体系对土地规模经营农户的农业科技需求强度进行更加深入的评价。

曹健，李万明，2011. 兵团土地经营制度创新与农业现代化 [J]. 新疆社会科学（汉文版）(2)：42 - 45.

曹阳，潘海峰，2009. 人际网络、市场网络：农户社会交往方式的比较 [J]. 上海交通大学学报（哲学社会科学版），17 (1)：5 - 12.

柴瑜，2012. 重庆市公益类科研院所技术创新能力评价研究 [D]. 重庆：重庆大学.

陈彪，2013. 新疆农村土地规模经营效果评价 [D]. 杨凌：西北农林科技大学.

陈海龙，2013. 新疆地州经济发展的梯度化差异研究 [J]. 新疆财经 (6)：46 - 50.

陈会英，郑强国，2001. 中国农户科技水平影响因素与对策研究 [J]. 农业技术经济 (2)：21 - 26.

陈慧女，周伶，2014. 中国农业科技创新模式变迁及策略选择 [J]. 科技进步与对策，31 (17)：70 - 74.

陈祺琪，2016. 中国农业科技创新能力：空间差异、影响因素与提升策略 [D]. 武汉：华中农业大学.

陈谦，杜之虎，毕显杰，等，2001. 兵团农业技术推广体系现状与发展调查 [J]. 新疆农垦科技 (4)：3 - 7.

陈庆根，2008. 稻农对稻作生产技术需求优先序研究 [D]. 北京：中国农业科学院.

陈淑娟，2011. 邓小平科技兴农思想研究 [D]. 长沙：湖南农业大学.

陈曦，2007. 农户技术选择行为及其转变的实证研究 [D]. 保定：河北农业大学.

陈杨，2013. 劳动力转移对农户采用节约劳动技术的影响 [D]. 重庆：西南大学.

陈祖海，杨婷，2013. 我国家庭农场经营模式与路径探讨 [J]. 湖北农业科学 (17)：4282 - 4286.

成敏，于玲玲，冯永忠，等，2010. 基于神经网络的西北旱作农区农作制优先序研究 [J]. 干旱地区农业研究 (2)：43 - 48.

成敏，2010. 西北旱作农区农作制优先序研究 [D]. 杨凌：西北农林科技大学.

程霖，毕艳峰，2009. 近代中国传统农业转型问题的探索——基于农业机械化的视角

[J]. 财经研究（8）：105 - 114.

崔传金，2012. 农民专业合作社发展现状和对策 [D]. 荆州：长江大学.

崔登峰，王秀清，朱金鹤，2012. 西部边疆民族地区农村基本公共服务优先序研究——基于新疆 42 个县市 96 个村镇的调研数据 [J]. 农业经济问题（3）：70 - 76.

崔宁波，2010. 基于现代农业发展的农户技术采用行为分析 [J]. 学术交流（1）：87 - 90.

董海荣，2005. 社会学视角的社区自然资源管理研究 [D]. 北京：中国农业大学.

董晓辉，2008. 我国区域知识生产效率的评价与分析 [J]. 工业技术经济，27（12）：119 - 121.

董雪娇，汤惠君，2015. 国内外农地规模经营述评 [J]. 中国农业资源与区划（3）：62 - 71.

杜璟，张彦军，李道亮，2008. 基层农业信息内容服务的优先序研究 [J]. 江西农业学报（6）：112 - 115.

杜正茂，2010. 农地规模经营与农业保险的关系研究 [D]. 保定：河北农业大学.

凡兰兴，2005. 欠发达地区农业规模经营问题探讨 [J]. 理论月刊（4）：164 - 166.

范荣梅，2014. 浅谈平阴县家庭农场发展现状及存在的问题 [J]. 农业与技术（9）：223.

范素芳，2006. 农业技术推广新模式——农业科技专家大院研究 [D]. 南宁：广西大学.

范永玲，2010. 对实现农业规模经营途径的探讨 [J]. 河南农业（5）：57 - 58.

冯黎，关俊霞，丁士军，2007. 浅析湖北省农户种植业技术需求的优先序 [C] //2007 中国科协年会专题论坛暨湖北科技论坛分论坛.

奉公，周莹莹，何洁，等，2005. 从农民的视角看中国农业科技的供求、传播与应用状况 [J]. 中国农业大学学报（社会科学版）（2）：6 - 10.

付少平，2003. 女性在农业技术传播中的角色 [J]. 西北人口（2）：45 - 47.

高传朋，2015. 以家庭农场为主体的农村土地规模经营研究 [D]. 沈阳：沈阳工业大学.

高鸿业，2005. 西分经济学（微观部分）[M]. 北京：中国人民大学出版社：56.

高卉，2012. 瓜果香里说丰硕 [N]. 营口日报 10 - 29（6）.

高启杰，2000. 农业技术推广中的农民行为研究 [J]. 农业科技管理（1）：28 - 30.

高强，刘同山，孔祥智，2013. 家庭农场的制度解析：特征、发生机制与效应 [J]. 经济学家（6）：48-56.

高雪萍，陈浩，周波，2012. 水稻兼业户技术应用特征研究——基于江西省调查样本的分析 [J]. 江西农业大学学报（社会科学版）（4）：22-28.

耿玉春，吕莉，2012. 我国农村土地规模经营模式的比较与选择 [J]. 经济纵横（10）：57-60.

公莉，2014. 新疆农村土地家庭承包经营下规模经营实现路径研究 [D]. 杨凌：西北农林科技大学.

龚三乐，2011. 区域科技需求内涵分析与应用——以北部湾（广西）经济区为例 [J]. 科技进步与对策（6）：46-50.

龚三乐，2010. 区域科技需求内涵及相关理论范畴辨析 [J]. 科学管理研究，28（6）：113-115.

龚三乐，2010. 区域科技需求强度的综合评价方法与应用 [J]. 技术经济与管理研究（3）：34-37.

猴博，谭英，奉公，2006. 电视文化传播及其在新农村建设中的作用——来自全国 27 个省市区农户的调查报告 [J]. 中国农业大学学报（社会科学版）（3）：82-86.

苟露峰，高强，汪艳涛，2015. 新型农业经营主体技术选择的影响因素 [J]. 中国农业大学学报（1）：237-244.

古瑞娟，2012. 石油企业员工工作满意度与工作绩效的关系研究 [D]. 呼和浩特：内蒙古财经大学.

谷兴荣，姚启明，2009. 农村新技术推广的风险共担模式探讨 [J]. 科技与经济（2）：51-54.

顾红，2008. 谈我国农业科技推广服务体系的发展历程 [J]. 现代农业科技（20）：352-352.

郭来锁，2004. 农业科技成果转化存在的问题分析（Ⅱ）[J]. 中国农学通报（5）：318-320.

郭亚萍，罗勇，2009. 关于新疆地区家庭农场的思考 [J]. 农业现代化研究（2）：199-202.

郭艳芹，孔祥智，2009. 新疆农民专业合作社发展的若干问题研究 [J]. 实事求是（3）：28-32.

国家统计局新疆调查总队，2016. 新疆调查年鉴 [M]. 北京：中国统计出版社.

韩黎斌，2013. 新疆塔城地区农业产业化发展问题研究 [D]. 长春：吉林大学.

韩耀，1995. 中国农户生产行为研究 [J]. 经济纵横（5）：29-33.

何得桂，2013. 科技兴农中的基层农业科技推广服务模式创新——"农业试验示范站"的经验与反思 [J]. 生态经济（中文版）（2）：141-144.

何劲，熊学萍，宋金田，2014. 国外家庭农场模式比较与我国发展路径选择 [J]. 经济纵横（8）：103-106.

何可，张俊飚，丰军辉，2014. 自我雇佣型农村妇女的农业技术需求意愿及其影响因素分析——以农业废弃物基质产业技术为例 [J]. 中国农村观察（4）：84-94.

何可，张俊飚，田云，2013. 农业废弃物资源化生态补偿支付意愿的影响因素及其差异性分析——基于湖北省农户调查的实证研究 [J]. 资源科学，35（3）：627-637.

何可，2016. 农业废弃物资源化的价值评估及其生态补偿机制研究 [D]. 武汉：华中农业大学.

何蕾，2014. 农村庭院经济发展的农业科技服务研究 [D]. 长沙：湖南农业大学.

何坪华，沈建中，2000. 中介组织节约市场交易成本的理论与案例分析 [J]. 农业经济（6）：16-18.

胡豹，2004. 农业结构调整中农户决策行为研究 [D]. 杭州：浙江大学.

胡晨成，余洋，2015. 三峡库区农户的土地流转感知特征 [J]. 浙江农业学报（7）：1280-1287.

胡雷，2013. 基于现代信息技术的农业科技服务体系建设研究 [D]. 武汉：华中农业大学.

黄季，胡瑞法，宋军，等，1999. 农业技术从产生到采用：政府、科研人员、技术推广人员与农民的行为比较 [J]. 科学与社会（1）：55-60.

黄敬前，郑庆昌，2012. 农业科技及其投入特征探析 [J]. 技术经济与管理研究（11）：117-120.

黄敬前，2013. 我国财政农业科技投入与农业科技进步动态仿真研究 [D]. 福州：福建农林大学.

黄幸，2016. 四川省种植业碳排放特征及驱动因素分析 [D]. 雅安：四川农业大学.

黄延廷，2011. 农地规模经营中的适度性探讨——兼谈我国农地适度规模经营的路径选择 [J]. 求实（8）：92-96.

黄映晖，葛洪英，2003. 吉林省农业科技产业化的障碍因素分析及对策研究 [J]. 吉林农业大学学报（5）：591-594.

霍瑜，张俊飚，陈祺琪，等，2016. 土地规模与农业技术利用意愿研究——以湖北省两型农业为例 [J]. 农业技术经济（7）：19-28.

纪朋涛，2013."岗底模式"促进农民行为转变的效果分析［D］.保定：河北农业大学．

贾海薇，向安强，姜峥，等，2008."科教兴村"计划与农村发展问题探析——广东贫困地区"科教兴村"计划相关问题调研［J］.老区建设（4）：41-45.

姜华荣，2014.粮食生产经营主体分化类型特征与影响因素［D］.金华：浙江师范大学．

姜绍静，罗泮，2010.以农民专业合作社为核心的农业科技服务体系构建研究［J］.中国科技论坛（6）：126-131.

蒋德勤，2008.安徽农业科技推广体系创新研究［D］.南京：南京农业大学．

蒋和平，蒋辉，2014.农业适度规模经营的实现路径研究［J］.农业经济与管理（1）：5-11.

蒋磊，张俊飚，何可，2014.基于农户兼业视角的农业废弃物资源循环利用意愿及其影响因素比较——以湖北省为例［J］.长江流域资源与环境，23（10）：1432-1439.

蒋磊，2016.农户对秸秆的资源化利用行为及其优化策略研究［D］.武汉：华中农业大学．

焦源，赵玉姝，高强，2014.需求导向型农技推广机制研究文献综述［J］.中国海洋大学学报（社会科学版）（1）：62-66.

焦源，2014.需求导向型农技推广机制研究［D］.青岛：中国海洋大学．

柯福艳，徐红玳，毛小报，2015.土地适度规模经营与农户经营行为特征研究——基于浙江蔬菜产业调查［J］.农业现代化研究，36（3）：374-379.

兰玉杰，1999.科技进步与各国农业发展及其启示［J］.农业现代化研究，20（2）：108-110.

李波，张俊飚，张亚杰，2010.贫困农户农业科技需求意愿及影响因素实证研究［J］.中国科技论坛（5）：127-132.

李更生，2007.农户农地经营决策行为研究［D］.贵阳：贵州大学．

李红，2008.农机购置补贴政策的经济学分析［D］.乌鲁木齐：新疆农业大学．

李俊英，2013.破解边疆少数民族地区就业难题的思考与路径——以新疆为例［J］.经济研究参考（5）：27-31.

李敏，杨学成，2014.土地适度规模经营研究综述［J］.山东农业大学学报（社会科学版），16（1）：26-30.

李明秋，陆红生，2001.中国农村土地制度创新模式研究［J］.中国农村经济（12）：49-53.

李宁，2016.吐鲁番市甜瓜种植农户技术需求及满意度研究［D］.乌鲁木齐：新疆农业大学.

李平, 2012. 现代农业产业技术体系运行绩效及提升策略研究 [D]. 武汉：华中农业大学.

李容, 2000. 结构调整条件下的农业技术创新 [J]. 农业技术经济 (2)：27-30.

李圣军, 孔祥智, 2010. 农户技术需求优先序及有效供给主体研究 [J]. 新疆农垦经济 (5)：11-16.

李文明, 罗丹, 陈洁, 等, 2015. 农业适度规模经营：规模效益、产出水平与生产成本——基于1552个水稻种植户的调查数据 [J]. 中国农村经济 (3)：4-17.

李霞, 李万明, 2012. 政府主导型农业科技推广模式效率分析——基于新疆生产建设兵团与新疆维吾尔自治区的比较 [J]. 经济问题探索 (4)：73-77.

李霞, 2013. 新疆农业社会化生产性服务结构性失衡研究 [D]. 乌鲁木齐：新疆农业大学.

李艳芬, 2010. 葡萄种植户技术选择意向研究 [D]. 重庆：西南大学.

李中原, 徐春丽, 2006. 科尔曼的理性选择理论及其局限 [J]. 长春师范学院学报 (11)：12-15.

梁辉, 2013. 农民专业合作社农业科技推广模式分析 [D]. 雅安：四川农业大学.

廖西元, 陈庆根, 王磊, 等, 2004. 农户对水稻科技需求优先序 [J]. 中国农村经济 (11)：36-43.

廖亚斌, 屈孝初, 彭希林, 2007. 现代农业技术有效需求影响因素的实证分析 [J]. 甘肃农业 (5)：32-34.

林乐芬, 金媛, 王军, 2015. 农村土地制度变迁的社会福利效应——基于金融视角的分析 [M]. 北京：社会科学文献出版社.

林乐芬, 李伟, 2015. 农户对土地股份合作组织的决策响应研究——基于744户农户的问卷调查 [J]. 农业经济问题 (8)：91-96.

林琦, 2013. 家庭农场模式下农村科技服务体系浅析 [J]. 农村经济与科技, 24 (7)：118-118.

林毅夫, 1994. 中国农业在要素市场交换受到禁止下的技术选择. 制度、技术与中国农业发展 [M]. 上海：上海人民出版社.

刘畅, 2010. 论我国农村土地流转及其模式塑造 [J]. 经济纵横 (1)：123-125.

刘斐, 孟建, 夏雪岩, 等, 2015. 新时期农业技术推广的实践与探析——以谷子简化栽培技术推广为例 [J]. 河北农业科学 (5)：104-108.

刘凤芹，2006. 农业土地规模经营的条件与效果研究：以东北农村为例 [J]. 管理世界
　　（9）：71-79.

刘继伟，2008. 新农村建设中现代农业科技服务体系的构建 [D]. 郑州：河南农业
　　大学.

刘兰兰，2005. 影响农业科技成果转化的现实因素分析及建议 [J]. 天津科技（5）：
　　42-44.

刘明，王燕飞，2013. 农户行为特征与农业科技需求——基于对重庆市农户的调查 [J].
　　统计与信息论坛（10）：100-106.

刘启明，2014. 家庭农场内涵的演变与政策思考 [J]. 中国农业大学学报（社会科学
　　版），31（3）：86-94.

刘强，杨万江，2016. 农户行为视角下农业生产性服务对土地规模经营的影响 [J]. 中
　　国农业大学学报（9）：188-197.

刘强，2017. 中国水稻种植农户土地经营规模与绩效研究 [D]. 杭州：浙江大学.

刘清娟，2012. 黑龙江省种粮农户生产行为研究 [D]. 哈尔滨：东北农业大学.

刘然，2013. 农户农业科技需求优先序及影响因素研究 [D]. 北京：中国农业科学院.

刘淑娟，2014. 关中地区特色农业发展中农业技术需求意愿及其影响因素分析 [D]. 西
　　安：西北大学.

刘天军，蔡起华，2013. 不同经营规模农户的生产技术效率分析——基于陕西省猕猴桃
　　生产基地县 210 户农户的数据 [J]. 中国农村经济（3）：37-46.

刘向新，周亚立，何磊，等，2012. 保护性耕作技术及其机具在新疆的推广应用 [J].
　　农业机械，40（26）：1741-1743.

刘兴兵，2016. 农户科技服务需求优先序及影响因素研究 [J]. 黄冈职业技术学院学报
　　（3）：83-88.

刘雪梅，2013. 我国家庭农场人力资源开发的途径探索 [J]. 农业经济问题（10）：
　　103-106.

刘宇航，2015. 基于农户视角的辽宁省粮食生产发展研究 [D]. 北京：中国农业科
　　学院.

刘占友，2009. 科技进步对重庆市农业产出增长的贡献率分析 [D]. 重庆：西南大学.

刘战平，匡远配，2012. 农民采用“两型农业”技术意愿的影响因素分析——以“两型
　　社会”实验区为例 [J]. 农业技术经济（6）：57-62.

柳岩，张正河，2010. 农业科技推广主体间差异比较分析 [J]. 科技进步与对策，27

（1）：19-21.

陆大顺，2004. 土地资源可持续利用中的经济问题［D］. 乌鲁木齐：新疆大学.

吕业清，2009. 中国农业科研、推广投资与农业经济增长的关系［D］. 乌鲁木齐：新疆农业大学.

马婧婧，2012. 中国乡村长寿现象与人居环境研究［D］. 武汉：华中师范大学.

马克思，2004. 资本论：第2卷［M］. 北京：人民出版社.

马彦琳，2000. 干旱区绿洲持续农业与农村发展评价指标体系初步研究——以新疆吐鲁番绿洲为例［J］. 干旱区地理（3）：252-258.

马跃峰，2003. 沼气技术与新疆绿洲生态农业建设［J］. 农业资源与环境学报，20（5）：31-32.

马贞，2013. 新疆番茄产业发展问题研究［D］. 长春：吉林大学.

满明俊，周民良，李同昇，2010. 农户采用不同属性技术行为的差异分析——基于陕西、甘肃、宁夏的调查［J］. 中国农村经济（2）：68-78.

毛世平，曹志伟，刘瀹弢，等，2013. 中国农业科研机构科技投入问题研究——兼论国家级农业科研机构科技投入［J］. 农业经济问题（1）：49-56.

缪波，2006. 农业技术推广中的农户技术选择行为研究［D］. 大连：大连理工大学.

农业部办公厅，2012. 财政部办公厅关于印发《2012年基层农业技术推广体系改革与建设实施指导意见》的通知［J］. 中华人民共和国农业部公报（7）：22-24.

农业部办公厅，2013. 财政部办公厅关于印发《2013年基层农业技术推广体系改革与建设实施指导意见》的通知［J］. 中华人民共和国农业部公报（5）：24-27.

农业部办公厅，2014. 关于国家农业科技创新与集成示范基地建设的意见［J］. 农业工程技术：农产品加工业（11）：11-13.

农业部新疆农业发展专题研究课题组，2008. 新疆农业发展问题研究（上）［J］. 中国农业资源与区划（1）：1-6.

农业部新疆农业发展专题研究课题组，2008. 新疆农业发展问题研究（下）［J］. 中国农业资源与区划（2）：8-12.

庞金波，林洪涛，宋美杰，2005. 黑龙江省农民科技水平的影响因素分析及对策［J］. 北方经贸（9）：33-34.

齐莹莹，刘维忠，张雨，2011. 新疆农业科技成果转化示范基地发展现状探析［J］. 广东农业科学，38（22）：189-191.

乔颖丽，吉晓光，2012. 中国生猪规模养殖与农户散养的经济分析［J］. 中国畜牧杂志

（8）：19-24.

屈小博，2008. 不同经营规模农户市场行为研究［D］. 杨凌：西北农林科技大学.

屈学书，2014. 我国家庭农场发展问题研究［D］. 太原：山西财经大学.

任耀飞，2011. 中国传统农业的近代转型研究［D］. 杨凌：西北农林科技大学.

桑晓靖，2004. 农业高新技术企业经营机制研究［D］. 杨凌：西北农林科技大学.

邵文珑，2008. 我国农业科技服务供需均衡分析［D］. 济南：山东大学.

石洪景，黄和亮，2013. 农户对农业技术采用行为的心理学分析［J］. 贵州农业科学
（4）：209-213.

石绍宾，2009. 农民专业合作社与农业科技服务提供——基于公共经济学视角的分析
［J］. 经济体制改革（3）：94-98.

史月兰，2009. 我国农业发展中的规模经济实现途径探讨［J］. 理论与改革（4）：
108-110.

司洋，2015. "网络大讲堂"节目导视——《培育家庭农场 夯实发展现代农业的微观
基础》［J］. 农民科技培训（2）：50-50.

苏荟，2013. 新疆农业高效节水灌溉技术选择研究［D］. 石河子：石河子大学.

苏荟，2013. 新疆农业高效节水灌溉技术选择研究［M］. 北京：中国农业出版社.

孙景翠，2011. 中国农业技术创新资源配置研究［D］. 哈尔滨：东北林业大学.

孙雷，2015. 全面深化农村改革 转变农业发展方式［J］. 上海农村经济（1）：4-10.

孙丽萍，2009. 我国农业科研创新能力与团队建设研究［D］. 北京：中国农业科学院.

孙文峰，王立君，陈宝昌，等，2009. 农药喷施技术国内外研究现状及发展［J］. 农机
化研究，31（9）：225-228.

孙屹，2014. 新疆玛纳斯县农户农地流转对其规模化经营的影响研究［D］. 乌鲁木齐：
新疆农业大学.

谭英，2004. 欠发达地区不同类型农户科技信息需求与服务策略研究［D］. 北京：中国
农业大学.

谭祖琴，2008. 新疆农村户用沼气推广应用研究［D］. 乌鲁木齐：新疆农业大学.

唐季，2015. 高原特色农业企业企业文化战略探析［J］. 当代经济（4）：52-53.

唐文静，2004. 建国以来中国农地思想研究［D］. 上海：复旦大学.

唐旭斌，2010. 中国农业科技组织体系60年［J］. 科学学研究（9）：1308-1315.

唐远花，2014. 新型农民合作经济组织发展中的地方政府职能研究［D］. 苏州：苏州
大学.

陶雯，2012. 农户青虾新品种采纳行为及其影响因素分析 [D]. 南京：南京农业大学.

田聪华，苗红萍，沈鸿，2017. 新疆各区域农民专业合作社运行绩效评价 [J]. 山西农业科学（2）：266-270.

田闻笛，2016. 我国农业科技推广体制的演变与现状研究 [J]. 东南大学学报（哲学社会科学版），v.18（S1）：91-93.

田云，2013. 农业科技金融理论体系构建研究 [D]. 保定：河北农业大学.

田云，2015. 中国低碳农业发展：生产效率、空间差异与影响因素研究 [D]. 武汉：华中农业大学.

王琛，吴敬学，钟鑫，2014. 中国农业技术类型对粮食综合生产能力影响的实证分析 [J]. 农业现代化研究，35（5）：000513-518.

王丹，2016. 昌吉州棉农新技术采用意愿及其影响因素研究——基于玛纳斯县282户棉农的调查 [D]. 乌鲁木齐：新疆农业大学.

王刚，2015. 基于超效率 DEA 模型和 Malmquist 生产率指数的湖北省科技投入产出效率分析及对策研究 [J]. 科技进步与对策（16）：110-114.

王国辉，付少平，2010. 农民对农业科技知识需求强度的实证研究——以杨凌示范区为典型个案 [J]. 西北农林科技大学学报（社会科学版），10（3）：8-12.

王浩，刘芳，2012. 农户对不同属性技术的需求及其影响因素分析——基于广东省油茶种植业的实证分析 [J]. 中国农村观察（1）53-64.

王建华，李俏，2013. 我国家庭农场发育的动力与困境及其可持续发展机制构建 [J]. 农业现代化研究（5）：552-555.

王建华，李清盈，Djurovic Gordana，2015. 基于科技需求演化的农业生产经营主体培育与政策建议——以江苏地区农户为例 [J]. 贵州社会科学（2）：162-168.

王磊，2014. 多方协作的"双螺旋"式新型农技推广体系研究 [D]. 杭州：浙江大学.

王鹏飞，2012. 内江市东兴区蚕桑业产业化发展现状及对策研究 [D]. 雅安：四川农业大学.

王奇，陈海丹，王会，2012. 农户有机农业技术采用意愿的影响因素分析——基于北京市和山东省250户农户的调查 [J]. 农村经济（2）：99-103.

王骞，2012. 我国农业科技成果转化研究 [D]. 青岛：中国海洋大学.

王绍芳，王环，2013. 农业科技成果向职业农民转化的制约因素分析 [J]. 科技管理研究，33（14）：117-119.

王伟，2009. 关于河套地区土地规模化经营的探讨 [D]. 杨凌：西北农林科技大学.

王雯慧，2017. 让创新驱动在农业农村落地生根——解读《"十三五"农业农村科技创新专项规划》[J]. 中国农村科技（7）：40-43.

王绪龙，张巨勇，张红，2008. 农户对可持续农业技术采用意愿分析 [J]. 生态经济（6）：119-120.

王月山，2001. 我国农业科技推广的社会制约因素分析 [J]. 科协论坛（9）：42-43.

王兆萍，2005. 穷人的经济行为研究——基于我国农村区域贫困人口的分析 [J]. 湖北经济学院学报（3）：15-18.

卫荣，2016. 基于经营主体视角下的粮食生产适度规模研究——以黄淮海地区为例 [D]. 北京：中国农业科学院.

魏宇钊，2005. 拜耳关爱农业普及安全用药技术 [J]. 农药市场信息（12）：13.

文雄，2012. 农地流转促进农业适度规模经营问题研究 [D]. 长沙：湖南农业大学.

邬震坤，2012. 基于农户视角的新型农业科技知识服务体系研究 [D]. 北京：中国农业科学院.

吴德进，林昌华，2008. 我国农村科技服务体系构建研究 [J]. 金融经济（22）：10-11.

吴红丹，李洪文，李问盈，等，2007. 中美两国保护性耕作的管理与应用对比分析 [J]. 干旱地区农业研究，25（2）：40-44.

吴敬学，杨巍，张扬，2008. 中国农户的技术需求行为分析与政策建议 [J]. 农业现代化研究（4）：421-425.

吴科举，2015. 改革开放以来党对农业科技创新问题的探索及经验 [D]. 长春：东北师范大学.

吴永章，杨文静，周容，等，2012. 基于系统化的农业科技需求内容体系研究 [J]. 湖北农业科学（21）：4944-4948.

吴桢培，2011. 农业适度规模经营的理论与实证研究——以湖南省农户水稻种植规模为例 [D]. 北京：中国农业科学院.

伍开群，2013. 家庭农场的理论分析 [J]. 经济纵横（6）：65-69.

西奥多·W·舒尔茨，1987. 改造传统农业 [M]. 梁小民，译. 上海：商务印书馆.

夏刊，2012. 我国农业技术推广运行机制研究 [D]. 长沙：中南大学.

谢芳，2011. 兵团绿洲现代农业发展模式研究 [D]. 石河子：石河子大学.

谢丽华，2011. 农业生产伦理研究综述与分析建议 [J]. 经济学动态（1）：89-92.

辛道领，2015. 发展家庭农场 推进现代农业——对江苏省滨海县家庭农场发展的调查

[J]. 江苏农村经济（1）：48-49.

新疆维吾尔自治区统计局，2016. 新疆统计年鉴2016 [M]. 乌鲁木齐：中国统计出版社.

徐旭初，2014. 科学理解和加快发展多种形式规模经营 [J]. 中国农民合作社（3）：25-27.

许月明，2006. 土地规模经营制约因素分析 [J]. 农业经济问题（9）：13-17.

薛凤蕊，2010. 土地规模经营模式及效果评价 [D]. 呼和浩特：内蒙古农业大学.

闫艳燕，余国新，杨爽，2015. 新疆农业技术推广体系对策研究 [J]. 北方园艺（2）：186-192.

颜鹏飞，王兵，2004. 技术效率、技术进步与生产率增长：基于DEA的实证分析 [J]. 经济研究（12）：55-65.

颜振军，2006. 科技需求调研、分析与技术选择：北京的实践 [J]. 中国软科学（12）：1-9.

燕鹏，2014. 新疆生产建设兵团农业公司化经营模式探讨 [J]. 商（13）：56-56.

杨成林，屈书恒，2013. 中国式家庭农场的动力渐成与运行机理 [J]. 改革（9）：82-89.

杨传喜，张俊飚，徐卫涛，2011. 农户技术需求的优先序及影响因素分析——以河南、山东等食用菌主产区种植户为例 [J]. 西北农林科技大学学报（社会科学版），11（1）：41-47.

杨栋，2015. 构建新疆农作物病虫害绿色防控技术体系的探讨 [J]. 新疆农业科技（1）：29-31.

杨文静，周容，吴永章，等，2012. 农业科技需求研究文献述评 [J]. 湖北农业科学，51（20）：4453-4457.

杨雯，2009. 湖北省不同地区农户种植油菜行为影响因素分析 [D]. 武汉：华中农业大学.

姚安琪，2012. 特别枯水年的水资源配置研究 [D]. 乌鲁木齐：新疆农业大学.

姚江林，2012. 基层农业科技工作者职业忠诚问题的社会学研究 [D]. 武汉：华中农业大学.

佚名，2015. 2014年农民专业合作社发展情况 [J]. 农村经营管理（6）：41-42.

殷朝晖，2005. 论国家科研体制建设与研究型大学发展 [D]. 武汉：华中科技大学.

尹飞虎，周建伟，董云社，等，2010. 兵团滴灌节水技术的研究与应用进展 [J]. 新疆农垦科技，33（1）：3-7.

于辉，2012. 我国农业科研基础条件投资效果研究［D］. 北京：中国农业科学院.

于永德，2005. 科技组织制度与农业技术进步研究［D］. 泰安：山东农业大学.

余国新，张建红，刘维忠，等，2012. 农户不同时期番茄种植选择行为及影响因素分析
［J］. 新疆农业科学（2）：362-370.

余兰，2005. 我国工业企业规模经济研究［D］. 武汉：武汉大学.

余璐，2005. 新疆兵团农业技术推广体系发展研究［D］. 北京：中国农业大学.

袁建华，高露，2016. 农村公共服务优先序研究述评与思考——基于农户满意度与需求
度二维视角［J］. 山东农业大学学报（社会科学版）（1）：15-20.

袁建华，2008. 农村公共物品投资问题研究［D］. 泰安：山东农业大学.

岳福菊，2011. 农业科技成果转化现状、问题和对策建议［J］. 农业科技管理（5）：
55-58.

岳正华，杨建利，2013. 我国发展家庭农场的现状和问题及政策建议［J］. 农业现代化
研究（4）：420-424.

郧宛琪，2016. 家庭农场适度规模经营及其实现路径研究［D］. 北京：中国农业大学.

曾维忠，2002. 我国农业科技体制及运行机制研究［D］. 雅安：四川农业大学.

翟雯.2017，农业供给侧结构性改革再发力——中央一号文件解读［J］. 共产党员（河
北）（3）：11-13.

张辰姊，2014. 基于农户的信息渠道选择与信息需求内容研究［D］. 北京：北京林业
大学.

张改清，张建杰，2002. 我国农户科技需求不足的深层次透析［J］. 山西农业大学学报
（社会科学版），1（4）：314-316.

张红宇，2015. 新型农业经营主体发展趋势研究［J］. 经济与管理评论（1）：104-109.

张来武，2012. 以农业科技创新创业带动现代农业发展［J］. 中国科技论坛（4）：
7-10.

张萍，2003. 中国农业推广体系改革研究［D］. 沈阳：沈阳农业大学.

张文雄，2013. 以家庭农场为依托推进农业现代化［J］. 宏观经济管理（7）：44-45.

张侠，葛向东，彭补拙，2002. 土地经营适度规模的初步研究［J］. 经济地理（3）：
351-355.

张小甫，赵朝忠，符金钟，等，2015. 我国农业科技发展现状及趋势研究［J］. 农业科
技与信息（12）：34-36.

张鑫，2010. 凌源市农村沼气能源发展研究［D］. 北京：中国农业科学院．

张雪峰，张斐，2014. 基于物联网技术的家庭农场品牌营销策略［J］. 物流技术（23）：400－403.

张燕玲，范琴，孔小慧，2015. 关于促进我国家庭农场发展的举措研究［J］. 安徽农业科学（3）：322－323.

张银定，2006. 我国农业科研体系的制度变迁与科研体制改革的绩效评价研究［D］. 北京：中国农业科学院．

张永坤，2008. 扩大农业科技的需求［J］. 农村经济与科技（12）：94－95.

张永坤，2010. 农业科技需求扩大论［D］. 淮北：淮北师范大学．

张媛媛，邹能峰，2015. 家庭农场应用农业物联网技术的可行性——以安徽省为例［J］. 山西农业大学学报（社会科学版）（1）：27－31.

张振环，2015. 培育新型农业经营主体　构建新型农业经营体系——第二届"中国农业经营创新论坛"综述［J］. 经济与管理评论（1）：130－132.

张正河，2011. 农业生产方式变迁与科技供求主体分析［J］. 农村金融研究（9）：5－11.

张忠明，钱文荣，2008. 农民土地规模经营意愿影响因素实证研究——基于长江中下游区域的调查分析［J］. 中国土地科学（3）：61－67.

赵海东，2006. 我国农业技术需求行为探析［J］. 广西社会科学（6）：39－42.

赵惠燕，胡祖庆，杨梅，等，2009. 以农民为主体的农业科技传播网络及传播模式创新与实践［J］. 西北农林科技大学学报（社会科学版）（4）：14－18.

赵其国，黄季焜，2012. 农业科技发展态势与面向2020年的战略选择［J］. 生态环境学报（3）：397－403.

赵威武，2014. 农业科技在生态农业建设中的作用研究［D］. 长沙：湖南农业大学．

赵新浩，2016. 传统农区农户规模经营的八大特征［J］. 学习论坛，32（12）：31－34.

赵玉姝，2014. 农户分化背景下农业技术推广机制优化研究［D］. 青岛：中国海洋大学．

郑建新，吴赐联，2015. 家庭农场的社会服务机制创新研究——以福建省部分调查数据为例［J］. 安徽农学通报（1）：4－5.

郑少锋，2005. 农产品成本动因分析［J］. 中国农学通报，21（4）：369－372.

郑少锋，1998. 土地规模经营适度的研究［J］. 农业经济问题（11）：9－13.

郑重，赖先齐，邓湘娣，等，2000. 试论新疆棉区的秸秆还田技术［J］. 耕作与栽培

（2）：51-52.

中共中央办公厅国务院办公厅，2014. 印发《关于引导农村土地经营权有序流转发展农业适度规模经营的意见》[J]. 南方农业（32）：6-11.

钟秋波，2013. 我国农业科技推广体制创新研究 [D]. 成都：西南财经大学.

钟晓兰，李江涛，冯艳芬，等，2013. 农户认知视角下广东省农村土地流转意愿与流转行为研究 [J]. 资源科学（10）：2082-2093.

钟鑫，2016. 不同规模农户粮食生产行为及效率的实证研究 [D]. 北京：中国农业科学院.

周光权，2015. 农业科技的性质决定农业科技的供给者 [J]. 北京农业（12）：317.

周建华，杨海余，贺正楚，2012. 资源节约型与环境友好型技术的农户采纳限定因素分析 [J]. 中国农村观察（2）：37-43.

朱安繁，邹绍文，2016. "互联网＋测土配施肥"的江西实践 [J]. 江西农业（8）：34-35.

朱金贺，赵瑞莹，2014. 基于经营特征的养猪场（户）市场风险预控能力比较分析——基于山东省 17 个地市的调查 [J]. 农业经济问题（2）：34-40.

朱明芬，李南田，2001. 农户采用农业新技术的行为差异及对策研究 [J]. 农业技术经济（2）：26-29.

朱启臻，胡鹏辉，许汉泽，2014. 论家庭农场：优势、条件与规模 [J]. 农业经济问题（7）：11-17.

朱世桂，2012. 中国农业科技体制百年变迁研究 [D]. 南京：南京农业大学.

朱希刚，赵绪福，1995. 贫困山区农业技术采用的决定因素分析 [J]. 农业技术经济（5）：18-21.

朱玉春，王蕾，2014. 不同收入水平农户对农田水利设施的需求意愿分析——基于陕西、河南调查数据的验证 [J]. 中国农村经济（1）：76-86.

邹艳红，乔军，2011. 谈新疆发展节水灌溉的几个问题 [J]. 中国水运（下半月），11（8）：199-200.

邹元，2012. 经济发达地区土地集约利用评价研究 [D]. 南京：南京农业大学.

祖立义，2008. 农技推广在农业科技进步中的作用研究 [D]. 雅安：四川农业大学.

Andrew P，1980. The Rich Seeds and the Desire of Seeds：The Social and Economic Effect of Green Revolution [M]. Working Paper，Carat Aaron Press.

Banker R D，Charnes A，Cooper W W，1984. Some Models for Estimating Technical and

Scale Inefficiencies in Data Envelopment Analysis [J]. Management Science，30（9）：1078 - 1092.

Barber D，1990. Anatomy of a "green" Agriculture [J]. Journal of the Royal Agricultural Society of England (151)：21 - 31.

Barnum H N，Squire L，1979. An Econometric Application of the Theory of the Farm-household [J]. Journal of Development Economics，6 (1)：79 - 102.

Caves D W，Christensen L R，Diewert W E，1982. Multilateral Comparisons of Output，Input，and Productivity Using Superlative Index Numbers [J]. Economic Journal，92 (365)：73 - 86.

Conley T，Christopher U，2001. Social Learning Through Networks：The Adoption of New Agricultural Technologies in Ghana [J]. American Journal of Agricultural Economics，83 (3)：668 - 673.

Cornia G A，1985. Farm Size，Land Yields and the Agricultural Production Function：An Analysis for Fifteen Developing Countries [J]. World Development，13 (4)：513 - 534.

Dean T Jamison，Lawrence J Lau，1982. Farmer Education and Farm Efficiency，World Bank Research Publication [M]. Baltimore：Johons Hopkins University Press.

Doss C R，Morris M L，2001. How Does Gender Affect The Adoption of Agricultural Innovations? The Case of Improved Maize Technology In Ghana [J]. Agricultural Economics，25 (1)：27 - 39.

Farrington J，1995. The Changing Public Role in Agricultural Extension [J]. Food Policy，20 (6)：537 - 544.

Feder G，Slade R，1984. The Acquisition of Information and the Adoption of New Technology [J]. American Journal of Agricultural Economics，66 (3)：312 - 320.

Filho H M D S，Young T，Burton M P，1999. Factors Influencing the Adoption of Sustainable Agricultural Technologies：Evidence from the State of Espírito Santo，Brazil [J]. Technological Forecasting & Social Change，60 (2)：97 - 112.

Garth John Holloway and Simeon K. Ehui，2001. Demand，Supply and Willingness - to - pay for Extension Service in an Emerging - market Setting [J]. Americanjournal of agricultural economic (3)：764 - 768.

George B. Frisvold，Kathleen Fernicola，and Mark Langworthy，2001. Market Returns，

Infranstructure and the Supply and Demand for Extension Services [J]. American journal of agricultural economic (3): 758 – 763.

Griliches Z, 1957. Hybrid Corn: An Exploration in the Economics of Technological Change [J]. Econometrica, 25 (4): 501 – 522.

Hellmann T, 2007. The Role of Patents for Bridging the Science to Market Gap [J]. Journal of Economic Behavior & Organization, 63 (4): 624 – 647.

Huo Yu, JunBiao Zhang, Qiqi Chen, 2017. Resource Saving Technology Application and Influence Factors Analysis in Arid Areas Based on Cloud Computing [J]. Boletin Tecnico/Technical Bulletin (7): 680 – 690.

Jamnick S F, Klindt T H, 1985. An Analysis of "No – tillage" Practice Decisions. Department of Agricultural Economics and Rural Sociology [R]. University of Tennessee.

Jones G E, Garforth C, 1997. The History, Development, and Future of Agricultural Extension, in Improving Agricultural Extension [J]. edited by Burton E, Rome, FAO: 1 – 12.

Keating N C, Munro B, 1989. Transferring the Family Farm: Process and Implications [J]. Family Relations, 38 (2): 215 – 219.

Mansfield, 1961. Technical Change and The Rate of Imitation [J]. Econometrics (29): 741 – 766.

Marshall G R, 2009. Polycentricity, Reciprocity, and Farmer Adoption of Conservation Practices under Community – based Governance [J]. Ecological Economics, 68 (5): 1507 – 1520.

Ryan B, 1943. The Diffusion of Hybrid Seed Corn in Two Iowa Communities [J]. Rural Sociol, 8 (8): 15 – 24.

Sheryl L Hendriks, J Maryann Green, 1999. The Role of Home Economics in Agricultural Extension [J]. Development Southern Africa, 16 (3): 489 – 500.

Singh I, Squire L, Strauss J, 1986. A Survey of Agricultural Household Models: Recent Findings and Policy Implications [J]. World Bank Economic Review, 1 (1): 149 – 179.

Steven Archambault, 2004. Ecological Modernization of the Agriculture Industry in Southern Sweden: Reducing emissions to the Baltic Sea [J]. Journal of Cleaner production

(12)：491 - 503.

Stoneman P，1987. The Economic Analysis of Technology Policy [J]. Oxford University Press.

Thorner D，Kerblay B，Smith R E F. A. V，1986. Chayanov on the Theory of Peasant E- conomy [J]. Manchester：Manchester University Press.

Vogeler I，1981. The Myth of the Family Farm：Agribusiness Dominance of US Agricul- ture [M]. Boulder：Westview Press.

Weir S，Knight J，2000. Adoption and Diffusion of Agricultural Innovations in Ethiopia： The Role of Education [R]. working Papers Series from Centre for the Study of African Economies，University of Oxford.

Weir S，Knight J，2004. Externality Effects of Education：Dynamics of the Adoption and Diffusion of an Innovation in Rural Ethiopia [J]. Economic Development & Cultural Change，53 (1)：93 - 113.